大数据应用人才培养系列教材

大数据系统运维

（第2版）

总主编　刘　鹏

主　编　姜才康　李四明

清华大学出版社

北京

内 容 简 介

本书是大数据应用人才培养系列教材中的一册,讲解了大数据系统运行维护过程中的各个主要阶段及其任务,包括配置管理、基础运维管理、故障管理、性能管理、安全管理、高可用性管理、变更及升级管理、运维场景应用及服务资源管理,内容全面且翔实,兼具基础理论知识与运维实践经验,特别是重点介绍了大数据系统的运维特点及运维技能,从而可以保障大数据系统的稳定可靠运行,更好地支撑大数据的商业应用价值。

本书在继承第 1 版基础的同时,巧妙融合了最新的运维方式和经验,构建出更加全面、深入的知识体系。第 2 版的特色体现在对日志排查的精妙思路,系统变更升级的成功经验以及云原生环境下的运维应用等领域的深度拓展,为运维工程师提供了丰富而实用的指导。通过这本书,读者将深入洞察当今大数据系统运维的精髓,从而提升自身实践技能,驾驭运维工作的新高度。

本书具有很强的系统性和实践指导性,可以作为培养应用型人才的课程教材,也可以作为从事 IT 系统运维工作的广大从业者和爱好者的参考用书。

图书在版编目(CIP)数据

大数据系统运维 / 刘鹏总主编;姜才康,李四明主

编. -- 2 版. -- 北京:清华大学出版社, 2024. 8.

(大数据应用人才培养系列教材). -- ISBN 978-7-302

-66981-4

　　Ⅰ. TP274

中国国家版本馆 CIP 数据核字第 2024Z939S6 号

责任编辑:邓　艳
封面设计:秦　丽
版式设计:文森时代
责任校对:马军令
责任印制:刘　菲

出版发行:清华大学出版社
　　　　　网　　　址:https://www.tup.com.cn,https://www.wqxuetang.com
　　　　　地　　　址:北京清华大学学研大厦 A 座　　　　　邮　　编:100084
　　　　　社 总 机:010-83470000　　　　　　　　　　　　邮　　购:010-62786544
　　　　　投稿与读者服务:010-62776969,c-service@tup.tsinghua.edu.cn
　　　　　质量反馈:010-62772015,zhiliang@tup.tsinghua.edu.cn
印 装 者:三河市天利华印刷装订有限公司
经　　销:全国新华书店
开　　本:185mm×260mm　　印　　张:13.75　　字　　数:324 千字
版　　次:2018 年 4 月第 1 版　2024 年 9 月第 2 版　印　　次:2024 年 9 月第 1 次印刷
定　　价:59.00 元

产品编号:099100-01

编写委员会

总主编　刘　鹏

主　编　姜才康　李四明

副主编　陶建辉　倪小龙

参　编　夏志江　朱　辉　肖　晨　何　玮

总　序

短短几年间，大数据的发展速度一日千里，快速走过了从概念到落地的进程，直接带动了相关产业的井喷式发展。全球研究机构统计数据显示，大数据产业将迎来发展黄金期：根据 IDC 数据，2020—2024 年全球大数据市场规模在 5 年内约实现 10.4%的复合增长率，预计 2024 年全球大数据市场规模约为 2983 亿美元。

数据采集、数据存储、数据挖掘、数据分析等大数据技术在越来越多的行业中得到了应用，随之而来的就是大数据人才问题。麦肯锡预测，每年数据科学专业的应届毕业生将增加 7%，然而仅高质量项目对专业数据科学家的需求每年就会增加 12%，供不应求。根据相关报道，未来 3～5 年，中国需要 180 万数据人才，但目前只有约 30 万人，人才缺口近 150 万人。

以贵州大学为例，其首届大数据专业研究生就业率达到 100%，可以说被"一抢而空"。急切的人才需求直接催热了大数据专业，教育部正式设立"数据科学与大数据技术"本科专业。

不过，就目前而言，在大数据人才培养和大数据课程建设方面，大部分高校仍然处于起步阶段，需要探索的问题还很多。首先，大数据是个新生事物，懂大数据的老师少之又少，院校缺"人"；其次，尚未形成完善的大数据人才培养和课程体系，院校缺"机制"；再次，大数据实验需要为每个学生提供集群计算机，院校缺"机器"；最后，院校没有海量数据，开展大数据教学科研工作缺少"原材料"。

其实，早在网格计算和云计算兴起时，我国科技工作者就遇到过类似的挑战，我有幸参与了这些问题的解决过程。为了解决网格计算问题，我在清华大学读博期间，于 2001 年创办了中国网格信息中转站网站，每天花几个小时收集有价值的资料并分享给学术界，此后我也多次筹办和主持全国性的网格计算学术会议，进行信息传递与知识分享。2002 年，我与其他专家合作完成的《网格计算》教材也正式面世。

2008 年，当云计算开始萌芽时，我创办了中国云计算网站（目前更名为"云计算世界"）；2010 年我的《云计算》一书问世；2011 年和 2015 年，我分别修订了《云计算》的第 2 版和第 3 版，每一版都花费了大量的制作成本，我还免费分享对应的教学 PPT。目前，《云计算》一书已成为国内高校优先选择的优秀教材，2010—2014 年，该书在中国知网公布的高被引图书名单中，位居自动化和计算机领域第一位。

除了资料分享，在 2010 年，我们在南京组织了全国高校云计算师资培训班，培养了国内第一批云计算老师，并通过与华为、中兴、奇虎 360 等知名企业合作，输出云计算技术，培养云计算研发人才。这些工作获得了大家的认可与好评，此后我也担任了工业和信息化部云计算研究中心专家、中国云计算专家委员会云存储组组长、第 45 届世界技能大赛中国区云计算选拔赛裁判长/专家指导组组长、中国信息协会教育分会人工智能教育专家委员会主任、教育部全国普通高校毕业生就业创业指导委员会委员等。

　　近年来，面对日益突出的大数据发展难题，我们也正在尝试使用此前类似的办法应对这些挑战。为了解决大数据技术资料缺乏和交流不够通透的问题，我于2013年创办了中国大数据网站（目前更名为"大数据世界"），投入了大量的人力进行日常维护。

　　为了解决大数据师资匮乏的问题，我们面向全国院校陆续举办多期大数据师资培训班，致力于解决"缺人"的问题。至今，我们已举办上百场线上线下培训，并入选"教育部第四批职业教育培训评价组织"，被教育部学校规划建设发展中心认定为"大数据与人工智能智慧学习工场"，被工业和信息化部教育与考试中心授权为"工业和信息化人才培养工程培训基地"。

　　此外，我们开发的云计算、大数据、人工智能实验实训平台被多个赛事选为竞赛平台，也为越来越多的高校教学科研带去便利。其中，大数据实验平台致力于解决大数据实验"缺机器"与"缺原材料"的问题。2016年，我带领云创大数据的研发人员应用Docker容器技术，成功开发了BDRack大数据实验一体机，它打破了虚拟化技术的性能瓶颈，可虚拟出Hadoop集群、Spark集群、Storm集群等，自带实验所需数据，并配备了详细的实验手册、PPT和实验过程视频，可开展大数据管理、大数据挖掘等各类实验，并可进行精确营销、信用分析等多种实战演练。

　　在大数据教学中，本科院校的实践教学应更具系统性，偏向新技术应用，且对工程实践能力要求更高；而高职高专院校更偏向技术性和技能训练，理论以够用为主，学生将主要从事数据清洗和运维方面的工作。基于此，我们联合多所院校的专家有针对性地准备了"高级大数据人才培养丛书"和"大数据应用人才培养丛书"两套大数据教材，帮助解决"机制"欠缺的问题。

　　此外，与教材配套的PPT和其他资料也将继续在大数据世界和云计算世界等网站免费提供。同时，通过智能硬件大数据免费托管平台——万物云和环境大数据开放平台——环境云，使资源与数据唾手可得，让大数据学习变得更加轻松。

　　在此，特别感谢我的硕士生导师谢希仁教授和博士生导师李三立院士。谢希仁教授所著的《计算机网络》已经更新到第8版，与时俱进且日臻完善，时时提醒学生要以这样的标准写书。李三立院士是留苏博士，为我国计算机事业做出了杰出贡献，曾任国家攀登计划项目首席科学家。他严谨治学，带出了一大批杰出的学生。

　　本丛书是集体智慧的结晶，在此谨向付出辛勤劳动的各位作者致敬！书中难免会有不当之处，请读者不吝赐教。

刘　鹏
2024年5月

前言（第2版）

随着信息技术，尤其是互联网技术的迅速发展，各种新技术应用不断渗透到人们的生活中，影响并改变着人们传统的生活和工作方式。现代社会高度依赖计算机提供的相关服务，人们的一举一动，几乎都在触发计算机的计算，直接或者间接产生大量数据。现今，大数据已广为人知，被认为是信息时代的"新石油"。据不完全统计，大数据量呈现出每两年翻一倍的爆炸性增长态势，隐藏着巨大的机会和价值，并将给社会带来诸多变革和发展，已引起学界、政界以及产业界的广泛关注。各个行业已纷纷建立起大数据处理系统，通过对数据的分析和挖掘，为经济、社会，甚至国防安全等提供帮助。

大数据的"大"包含几个维度：数据量大、种类多、价值密度低和增长速度快等。传统的集中式系统处理方式存在性能不达标、经济成本高等问题，正因为如此，分布式系统成为大数据系统的主流发展方向。谷歌三篇论文（*Google File System*、*MapReduce*、*Bigtable*）的公开发表是大数据技术的一个关键引爆点，开启了使用一般性能的服务器搭建大批量数据处理系统的新趋势。

时至今日，大数据技术的生态圈已经越来越庞大，目前比较流行的应用主要是Hadoop、Spark 和 Elastic Search，绝大多数的大数据系统是基于这 3 个技术进行开发的，以这些技术为主题的大数据开发书籍也非常普及。但是开发只是系统整个生命周期的一部分，要想系统稳定运行、真正发挥价值，还需要后期的运维管理。从笔者多年开发和运维的工作经验来看，运维工作也具有很大的挑战性，既要满足业务快速上线，又要保证系统的安全可用。尤其是对于大数据系统，因其服务器数量多、数据存储量大、开源技术多和新技术稳定性有待提高等特点，诸如服务器管理、备份管理、升级管理和性能调优等运维工作，都需要针对大数据技术的特点进行相应的改变与调整。

受清华大学出版社之邀，结合大数据系统的特点，笔者从运维视角进行阐述，编写了大数据运维的教材，以填补这一方面的空白。本书自 2020 年出版后，社会反应良好，被多所高校选作课程教材。这次应出版社和丛书总编刘鹏教授的要求，我们根据大数据技术的最新发展，结合师生们提出的宝贵建议，对本书进行了全新改版，主要增加了云技术发展趋势下涉及的系统运维工作，包括云原生运维、微服务及容器虚拟化、持续集成/持续交付等，并对系统升级涉及的数据准备、业务验证、测试、发布以及性能和日志管理进行大幅补充与完善。

本书从运维工作的分类出发，对每种运维工作都进行了由浅入深的介绍。配置管理是整个运维工作的基础和核心，没有配置管理，就如同没有地图在复杂的城市道路中行走一样，随时可能迷失方向；同时，在配置管理章节介绍大数据技术的运维管理工具，掌握这些工具能有效地提高工作效率。系统管理、故障管理、变更管理和升级管理是基础性的，也是日常性的运维工作；安全管理、性能管理、服务资源管理和高可用管理则在运维工作中相对比较高阶，也是比较复杂的内容；而且系统运维注重强调标准、流程和制度。本书侧重理论和实践的结合。考虑到以青年学生为主的读者对相关概念接触不多，本书在概念阐述上会占有一定篇幅，从而帮助读者更好地理解和融会贯通相关的知识。若读者对书上的一些名词或术语感到陌生，可通过翻阅书后的名词解释进一步理解。本书也安排了专门章节详细介绍运维的关键技术和工具，希望读者能按照课本内容完成相关实验或者练习，达到学以致用的效果。

　　本书由姜才康拟定大纲并统稿，其中第1章"配置管理"由夏志江编写，第2章"基础运维管理"和第9章"服务资源管理"由姜才康编写，第3章"故障管理"和第6章"高可用性管理"由朱辉编写，第4章"性能管理"由陶建辉编写，第5章"安全管理"由何玮编写，第7章"变更及升级管理"由夏志江和肖晨编写，第8章"运维场景应用"由李四明和倪小龙编写。本书在编写过程中受到清华大学出版社的大力支持和刘鹏教授的悉心指导，在此深表感谢！虽然在完稿前我们反复检查校对，力求做到内容清晰无误、便于学习理解，但疏漏和不完善之处仍在所难免，恳请读者批评指正，不吝赐教！

姜才康

于成方金融科技有限公司

目　　录

◈ 第1章　配置管理

1.1　配置管理内容 ··· 2

　　1.1.1　配置管理术语定义 ··· 2

　　1.1.2　应用软件配置 ·· 3

　　1.1.3　硬件配置 ··· 3

1.2　配置管理方法 ··· 7

　　1.2.1　配置流程 ··· 7

　　1.2.2　配置自动发现 ·· 11

1.3　配置管理工具 ··· 11

　　1.3.1　CMDB 数据库介绍与实践 ·································· 11

　　1.3.2　自动配置工具 ·· 14

　　1.3.3　云时代下的 CMDB ··· 24

1.4　其他运维工具 ··· 24

　　1.4.1　Ambari ·· 24

　　1.4.2　CLI 工具 ··· 26

　　1.4.3　Ganglia ·· 27

　　1.4.4　Cloudera Manager ··· 28

　　1.4.5　其他工具 ··· 31

1.5　作业与练习 ·· 32

参考文献 ··· 32

◈ 第2章　基础运维管理

2.1　系统建设 ··· 33

　　2.1.1　技术方案 ··· 34

　　2.1.2　部署实施 ··· 35

　　2.1.3　测试验收 ··· 39

2.2　系统管理对象 ··· 40

　　2.2.1　系统管理对象 ·· 40

　　2.2.2　系统软件 ··· 40

　　2.2.3　系统硬件 ··· 42

　　2.2.4　系统数据 ··· 43

    2.2.5 IT 供应商 ·· 43

  2.3 系统管理内容 ·· 44

    2.3.1 事件管理 ·· 45

    2.3.2 问题管理 ·· 45

    2.3.3 配置管理 ·· 46

    2.3.4 变更管理 ·· 46

    2.3.5 发布管理 ·· 47

    2.3.6 知识管理 ·· 47

    2.3.7 日志管理 ·· 48

    2.3.8 备份管理 ·· 48

  2.4 系统管理工具 ·· 49

    2.4.1 资产管理 ·· 49

    2.4.2 监控管理 ·· 49

    2.4.3 流程管理 ·· 50

    2.4.4 外包管理 ·· 51

  2.5 系统管理制度规范 ·· 51

    2.5.1 系统管理标准 ·· 51

    2.5.2 系统管理制度 ·· 51

    2.5.3 系统管理规范 ·· 52

  2.6 日常巡检 ·· 52

    2.6.1 检查内容分类 ·· 52

    2.6.2 巡检方法分类 ·· 53

    2.6.3 巡检流程 ·· 54

  2.7 日志管理 ·· 54

    2.7.1 平台及组件相关命令 ·· 55

    2.7.2 日志和告警监控 ·· 62

  2.8 作业与练习 ·· 67

 参考文献 ·· 68

第3章　故障管理

  3.1 集群结构 ·· 69

  3.2 故障报告 ·· 70

    3.2.1 故障发现 ·· 70

    3.2.2 影响分析 ·· 71

  3.3 故障处理 ·· 72

    3.3.1 故障诊断 ·· 72

3.3.2 故障排除 ·· 73

3.4 故障后期管理 ·· 74

3.4.1 建立和更新知识库 ·· 74

3.4.2 故障预防 ·· 74

3.5 作业与练习 ·· 75

参考文献 ·· 75

第 4 章 性能管理

4.1 性能分析 ·· 76

4.1.1 性能因子 ·· 76

4.1.2 性能指标 ·· 77

4.2 性能监控工具 ·· 78

4.2.1 GUI ·· 79

4.2.2 集群 CLI ·· 82

4.2.3 操作系统自带工具 ·· 87

4.2.4 Ganglia ·· 92

4.2.5 其他监控工具 ·· 95

4.3 性能优化 ·· 95

4.3.1 Hadoop 集群配置规划优化 ·· 95

4.3.2 Hadoop 性能优化 ·· 96

4.3.3 作业优化 ··· 100

4.4 作业与练习 ·· 108

参考文献 ·· 108

第 5 章 安全管理

5.1 安全概述 ·· 109

5.2 资产安全管理 ·· 110

5.2.1 环境设施安全 ·· 110

5.2.2 设备安全 ·· 110

5.3 应用安全 ·· 111

5.3.1 技术安全 ·· 111

5.3.2 数据安全 ·· 114

5.4 安全威胁 ·· 115

5.4.1 人为失误 ·· 115

5.4.2 外部攻击 ·· 116

5.4.3 信息泄密 ·· 122

5.4.4 灾害 ·· 122

5.5 安全措施 ··· 123

　　5.5.1 安全制度规范 ·· 123

　　5.5.2 安全防范措施 ·· 123

5.6 作业与练习 ··· 124

参考文献 ··· 124

第6章 高可用性管理

6.1 高可用性概述 ··· 125

6.2 高可用性技术 ··· 126

　　6.2.1 系统架构 ·· 126

　　6.2.2 容灾 ·· 128

　　6.2.3 监控 ·· 128

　　6.2.4 故障转移 ·· 134

6.3 业务连续性管理 ··· 134

　　6.3.1 灾备系统 ·· 134

　　6.3.2 应急预案 ·· 138

　　6.3.3 日常演练 ·· 138

6.4 作业与练习 ··· 139

参考文献 ··· 139

第7章 变更及升级管理

7.1 变更管理概述 ··· 140

　　7.1.1 变更管理目标 ·· 140

　　7.1.2 变更管理范围 ·· 140

　　7.1.3 变更管理的种类 ······································ 140

　　7.1.4 变更管理的原则 ······································ 141

7.2 变更管理流程 ··· 141

　　7.2.1 变更的组织架构 ······································ 141

　　7.2.2 变更的管理策略 ······································ 141

　　7.2.3 变更的流程控制 ······································ 142

　　7.2.4 变更管理流程 ·· 142

7.3 变更配置管理 ··· 144

7.4 通用系统升级流程 ··· 144

　　7.4.1 业务数据集环境备份 ··································· 144

　　7.4.2 系统升级部署的常用策略（蓝绿/滚动/灰度） ············ 145

　　7.4.3 业务服务验证 ·· 146

7.4.4 数据割接与用户割接 ……………………………………… 152

7.4.5 回滚策略 ………………………………………………… 155

7.5 作业与练习 …………………………………………………… 156

参考文献 …………………………………………………………… 156

第 8 章 运维场景应用

8.1 运维场景描述 ………………………………………………… 157

8.2 运维应用版本升级 …………………………………………… 158

8.2.1 Hadoop 升级管理 ………………………………………… 158

8.2.2 Spark 升级管理 ………………………………………… 159

8.2.3 Hive SQL 升级管理 ……………………………………… 161

8.2.4 ZooKeeper 升级管理 …………………………………… 163

8.3 微服务与容器虚拟化 ………………………………………… 165

8.3.1 业务应用容器化——Docker ……………………………… 165

8.3.2 容器的集群化管理与编排——k8s ……………………… 169

8.3.3 微服务监控与服务追踪 ………………………………… 177

8.4 云原生运维 …………………………………………………… 178

8.4.1 持续集成与持续交付 …………………………………… 178

8.4.2 Jenkins 流水线 …………………………………………… 179

8.4.3 自动化持续部署 ………………………………………… 180

8.4.4 服务的注册与发现 ……………………………………… 181

8.4.5 服务的熔断与限流 ……………………………………… 182

8.5 作业与练习 …………………………………………………… 183

参考文献 …………………………………………………………… 183

第 9 章 服务资源管理

9.1 业务能力管理 ………………………………………………… 185

9.1.1 业务需求评估 …………………………………………… 185

9.1.2 业务需求趋势预测 ……………………………………… 186

9.2 服务能力管理 ………………………………………………… 187

9.2.1 人员能力动态管理 ……………………………………… 187

9.2.2 服务成本动态管理 ……………………………………… 189

9.2.3 技术与工具管理 ………………………………………… 190

9.3 服务资源整合 ………………………………………………… 190

9.3.1 不同角色的责权划分 …………………………………… 190

9.3.2 用户、供应商、厂商的典型协作方式 ………………… 192

9.4　作业与练习 ……………………………………………………… 193

参考文献 ……………………………………………………………… 194

附录 A　大数据和人工智能实验环境

附录 B　Hadoop 环境要求

附录 C　名词解释

第 1 章

配置管理

　　配置管理（configuration management，CM）是通过技术或行政手段对软件产品及其开发过程和生命周期进行控制、规范的一系列措施。配置管理的目标是记录软件产品的演化过程，确保软件开发者在软件生命周期的各个阶段都能得到精确的产品配置。

　　随着软件系统的日益复杂化和用户需求、软件更新的频繁化，配置管理逐渐成为软件生命周期中的重要控制过程，在软件开发过程中扮演着越来越重要的角色。一个好的配置管理过程能覆盖软件开发和维护的各个方面，同时对软件开发过程的宏观管理（即项目管理），也有重要的支持作用。良好的配置管理能使软件开发过程有更好的可预测性，使软件系统具有可重复性，使用户和主管部门对软件质量和开发小组有更强的信心。

　　ITIL 即信息技术基础架构库（information technology infrastructure library），由英国政府部门 CCTA（Central Computing and Telecommunications Agency）在 20 世纪 80 年代末制定，现由英国商务部 OGC（Office of Government Commerce）负责管理，主要适用于 IT 服务管理（ITSM）。ITIL 为企业的 IT 服务管理实践提供了一个客观、严谨、可量化的标准和规范。在 ITIL 体系中，配置管理作为一项基础流程支撑着其他 4 项流程（事件管理、问题管理、变更管理和发布管理）。配置项作为配置管理中的基本单元，其颗粒度可以根据具体的实践灵活地细化，既有系统级抽象的配置项，也有由具体的软件或者硬件信息构成的配置项单元。由配置管理数据库（CMDB）统一存储配置项以及不同配置项之间的关联关系。配置管理数据库随着变更管理流程的进行而更新配置项信息，结合发布管理流程，确保配置项信息本身以及各个配置项信息之间的关系反映当前 IT 基础架构的实际情况。

　　ITIL 所讲的配置管理是从软件工程管理角度出发的，把一切对象都当作配置，如源代码、文档、人员、服务器甚至硬盘和内存等。ITIL 中的配置管理和传统软件开发的应用程序配置管理有着本质的不同，应用程序配置管理是指通过技术或行政手段对软件产品及其开发过程和生命周期进行控制、规范的一系列措施。配置管理的目标是记录软件产品的演化过程，确保软件开发者在软件生命周期中各个阶段都能得到精确的产品配置。

配置管理一直被认为是 ITIL 服务管理的核心，因为其他所有流程均需要使用配置管理数据库（CMDB）。CMDB 存储与管理企业 IT 架构中设备的各种配置信息，它与所有服务支持和服务交付流程都紧密相联，支持这些流程的运转、发挥配置信息的价值，同时依赖于相关流程保证数据的准确性。在实际的项目中，CMDB 常常被认为是构建其他 ITIL 流程的基础而优先考虑，ITIL 项目的成败与能否成功建立 CMDB 有非常大的关系。

1.1 配置管理内容

1.1.1 配置管理术语定义

- ❑ 配置基线：在服务或服务组件的生命周期中，某一时间点被正式指定的配置信息。
- ❑ 配置项：配置项是指要在配置管理控制下的资产、人力、服务组件或者其他逻辑资源。从整个服务或系统来说，包括硬件、软件、文档、支持人员到单独软件模块或硬件组件（CPU、内存、SSD、硬盘等）。配置项需要有整个生命周期（状态）的管理和追溯（日志）。
- ❑ 配置项属性：一个配置项就是一个对象，有对象便有属性，属性是一个配置项的具体描述。如服务器这个配置项，可以具体描述为在哪个机房、哪个机柜的哪个位置、现在是否有业务运行、具体谁负责等。配置项和属性可以转换，如 IP 地址，是一个资源对象存在；但是从服务器的角度来说，它又作为一个属性存在，更准确地说是网卡的属性。
- ❑ 配置管理数据库（CMDB）：用于记录配置项全生命周期属性及配置项之间关系的存储。
- ❑ 制订配置管理计划：配置管理员制订《配置管理计划》，主要内容包括配置管理软硬件资源、配置项计划、基线计划、交付计划、备份计划等。变更控制委员会（CCB）审批该计划。
- ❑ 版本控制：在项目开发过程中，绝大部分的配置项都要经过多次的修改才能最终确定下来。对配置项的任何修改都将产生新的版本。由于不能保证新版本一定比老版本"好"，所以不能抛弃老版本。版本控制的目的是按照一定的规则保存配置项的所有版本，避免发生版本丢失或混淆等现象，并且可以快速准确地查找到配置项的任何版本。

一般配置项的状态有 3 种："草稿""正式发布"和"正在修改"，本规程制定了配置项状态变迁与版本号的规则。

- ❑ 变更控制：在项目开发过程中，配置项发生变更几乎是不可避免的。变更控制的目的就是防止配置项被随意修改而导致混乱。

修改处于"草稿"状态的配置项不算是"变更"，无须 CCB 的批准，修改者按照版本控制规则执行即可。

在配置项的状态成为"正式发布"，或者被"冻结"后，任何人都不能随意修改，必须依据"申请→审批→执行变更→再评审→结束"的规则执行。

- ❑ 配置审计：为了保证所有人员（包括项目成员、配置管理员和CCB）都遵守配置管理规范，质量保证人员要定期审计配置管理工作。配置审计是一种"过程质量检查"活动，是质量保证人员的工作职责之一。

配置管理不同于传统的资产管理，具体的区别如表 1-1 所示。

表 1-1 配置管理与资产管理的区别

配 置 管 理	资 产 管 理
提供 IT 环境的逻辑模型，为 ITIL 流程提供数据依据	管理 IT 资产在整个生命周期内的成本及变化情况
相关的 ITIL 流程可以提高服务稳定性和质量	可以降低资产的总体成本，减少采购成本，增加资产的利用率，提供准确的资产规划
配置项是从运维的角度出发的，标识的是 IT 部件	资产是基于价值、合同跟踪管理的 IT 部件
如果需要保证某个资产稳定运行，可将其作为配置项管理	如果某个配置项需要跟踪其成本、合同及使用信息，可以作为资产进行管理
维护 CI 项之间的复杂关系，以便进行风险评估	维护资产之间基本的关联关系，如父子关系等

1.1.2 应用软件配置

软件配置管理的最终目标是管理软件产品。由于软件产品是在用户不断变化的需求驱动下不断变化的，为了保证对产品有效地进行控制和追踪，配置管理过程不能仅仅对静态的、成形的产品进行管理，更重要的是对动态的、成长的产品进行管理。由此可见，配置管理同软件开发过程紧密相关。配置管理必须紧扣软件开发过程的各个环节，即管理用户所提出的需求，监控其实施，确保用户需求最终落实到产品的各个版本，并在产品发行和用户支持等方面提供帮助，响应用户新的需求，推动进入新的开发周期。通过配置管理过程的控制，用户对软件产品的需求如同普通产品的订单一样，遵循一个严格的流程，经过一条受控的生产流水线，最后形成产品，发售给相应用户。从另一个角度看，产品在开发的不同阶段通常有不同的任务，由不同的角色担当，各个角色职责明确，泾渭分明，但同时又前后衔接，相互协调。

1.1.3 硬件配置

硬件配置管理包括服务器、网络、安全等设备以及电源、机柜等关联的基础设施，也包括与其支撑的应用系统之间的关系。表 1-2 和表 1-3 分别描述了通用应用设备配置项模型示例及与其他配置项的关系。

表 1-2 硬件配置管理模型示例（设备类）

列　　名	COLUMN	数据类型	备　　注
设备编码	ID	integer	主键
设备名	DEVNAME	string	
序列号	SN	string	
资产编码	ASSET_CODE	string	行政部用

列　　名	COLUMN	数据类型	备　　注
采购合同编号	PURCHASE_CONTRACT_NO	reference	关联采购合同
设备类别	CATEGORY	lookup	大类，PC 服务器、小型机、安全设备、机房设备等
设备类型	TYPE	lookup	具体类型，小型机、存储、扩展柜、磁盘阵列、交换机等
环境	ENVIRONMENT	lookup	张江生产、张江模拟、北京灾备、托管机房、张江库存等，第一阶段先录入生产和模拟信息
制造厂商	MANUFACTURE_FACTORY	lookup	
型号	MODELID	string	
其他标号或快速维修编号	MARKID	string	DELL 是快速服务代码，IBM PC SERVER 是 MT 号，IBM 小型机是 TYPE 号
设备负责岗位	MANAGER	string	
购买日期	PURCHASE_DATE	date	
设备价格	PRICE	string	采购价格
维保开始日期	Maintenance_StartDate	date	非必填
维保结束日期	Maintenance_StopDate	date	
维保级别	Maintenance_Level	lookup	
维保厂商	Maintenance_Company	lookup	
维保合同号	Maintenance_ContractNO	reference	关联维保合同
状态	STATUS	lookup	字典里列出可选状态，包括库存、在线、停用、报废等
其他位置	LOCATION2	string	标注非机柜位置，如 ECC、库房
备注	REMARK	string	

表 1-3　硬件配置管理模型示例（设备与其他配置项的关系）

关　　系	关系类型	说　明　描　述
设备-合同	N∶1	Contract Contains Device
设备-设备	N∶1	Device Attached Device
设备-电源	1∶N	Device Uses Power
设备-位置	N∶N	Device Uses Location

1. 服务器配置

服务器设备配置管理包括其自身的属性以及其支撑的服务之间的关系管理。表 1-4 描述了服务器设备配置模型示例，表 1-5 描述了服务器与其他配置项的关系。

表 1-4　服务器设备配置模型示例

列　　名	COLUMN	数据类型	备　　注
服务器名	NAME	string	设备的设备名
微码版本	FIRMWARE	string	

续表

列　　名	COLUMN	数据类型	备　　注
CPU 型号	CPU_TYPE	string	
CPU 核心频率	CPU_FREQUENCY	string	
CPU 物理个数	CPU_NUM	integer	
总物理 CPU 核心数	CPU_CORE_NUM	integer	
内存型号	MEM_TYPE	string	
内存组成	MEM_SIZE	string	格式：1 GB×2+2 GB×2，表示容量×数量
内存可用容量	MEM_SIZE	integer	根据组成自动计算
硬盘组成	HARDDISK_CAPACITY	string	格式：146 GB×2（RAID1）+300 GB×2（RAID1），表示容量×数量（RAID）
硬盘可用容量	DISK_SIZE	integer	根据组成自动计算
网卡组成	NETWORK_CARD	string	2×1+4×2，表示口数×块数，不含管理口
光纤卡组成	HBACARD	string	1×2 +2×1，表示口数×块数
状态	STATUS	lookup	设备的状态
备注	REMARK	string	设备的备注

表 1-5　服务器与其他配置项的关系

关　　　系	关系类型	说明描述
服务器-主机	1：N	Host DeployedOn Server
服务器-IP	N：N	Server Uses IP
服务器-光纤交换机端口	1：N	FC_Switch_Port Connects Server

2. 网络设备配置

　　网络设备配置管理包括其自身的属性以及其支撑的服务之间的关系管理。表 1-6 描述了网络设备配置模型示例，表 1-7 描述了网络设备与其他配置项的关系。

表 1-6　网络设备配置模型示例

列　　名	COLUMN	数据类型	备　　注
设备名	NAME	string	设备的设备名
管理 IP 地址	Manage_IP_ADDR	string	
所在位置	LOCATION	string	
用途	USAGE	string	
使用区域	ENVIRONMENT	string	
CASE 合同号	CASE_CONTRACT_NO	reference	关联 case 合同
停产日期	STOP_PRODUCT_DATE	string	
服务支持停止时间	SUPPORT_END_DATE	string	
维保级别	SERVICE_LEVEL	lookup	
集成商	INTEGRATOR_NAME	lookup	
生产厂商	MANUFACTURER	lookup	

列　　名	COLUMN	数 据 类 型	备　　注
管理岗位	MANAGER	string	
OS 版本	OS_VERSION	reference	
使用状态	STATUS	lookup	字典里列出可选状态，包括在用在保、在用过保、在用不保、本地库房、异地库房、报废等
备注	REMARK	string	

表 1-7　网络设备与其他配置项的关系

关　　系	关 系 类 型	说 明 描 述
网络设备-交换机接口	1：N	NetDevice Contains Switch_Ports
网络设备-网络设备路由	1：N	Network_Device_Routing RunsOn NetDevice
网络设备-NAT 策略	1：N	NATPolicy DeployedOn NetDevice
路由器-广域网线路	N：1	WAN_Line DeployedOn Router
AS 交换机-局域网接口	1：N	Switch_Ports Connects AS Switch
DS 交换机-局域网接口	1：N	Switch_Ports Connects DS Switch
CS 交换机-局域网接口	1：N	Switch_Ports Connects CS Switch
网络设备-网络设备 OS	N：N	NetDevice Uses NetOS

3. 安全设备配置

安全设备配置管理包括其自身的属性以及其支撑的服务之间的关系管理。表 1-8 描述了安全设备配置模型示例，表 1-9 描述了安全设备与其他配置项的关系。

表 1-8　安全设备配置模型示例

列　　名	COLUMN	数 据 类 型	备　　注
设备名	SDName	reference	设备的设备名
管理地址	MANAGE_IP	string	
管理终端地址	HOST_IP	string	
iOS 版本	IOS_VERSION	string	
Vrid 值	Vrid	string	
模块型号	MODULE_NUM	string	
模块序列号	MODULE_SN	string	
网管地址	NET_MANAGE_IP	string	
NTP 地址	NTP_IP	string	
日志地址	LOG_IP	string	
审计地址	AUDIT_IP	string	
密码	PWD	string	
接口数量	PORT_NUM	integer	
已建立 TCP 连接超时时间	TCP_ESTED	integer	
握手时 TCP 连接超时时间	TCP_SYN	integer	
关闭时 TCP 连接超时时间	TCP_CLOSING	integer	

续表

列　　名	COLUMN	数 据 类 型	备　　注
UDP 连接超时时间	UDP_TIME	integer	
连接完整性是否启用	SESSION_INTEGRITY	string	
快速连接重用是否启用	SYN_RESET	string	
状态	STATUS	lookup	设备的状态
备注	REMARK	string	设备的备注

表 1-9　安全设备与其他配置项的关系

关　　系	关 系 类 型	说 明 描 述
安全设备-防火墙策略	1∶N	FireWallPolicy DeployedOn SecurityDevice
安全设备-安全设备 ETH 口	1∶N	SecurityDevice Contains Eth_Ports
安全设备-IP	N∶N	SecurityDevice Uses IP

△ 1.2　配置管理方法

　　数据中心在运维过程中，经常需要对配置项信息进行新增、删除或者修改操作，以确保 CMDB 中的各个配置项信息都是最新的。利用该配置管理工具将 ITIL 体系中的变更管理流程、发布管理流程与配置管理流程无缝地结合在一起，确保生产运维过程中配置信息的连续性、可用性和实时性。变更实施人在变更实施之前，需要在配置管理工具中的 CMDB 变更流程控制模块下，填妥配置项变更申请表，表中应包含配置项变更原因、变更描述、变更后配置项信息以及与之相关联的服务台变更单号。随后该配置项变更申请表将由相关审核人员进行审核，如果变更申请未被审核人员批准，那么变更实施人员需取消该变更或者重新提交变更申请，如果变更申请通过审核则实施人员在变更时间窗口内实施变更，并在变更实施完毕后，提请相关人员进行变更结果评价。如果该变更被评价为实施成功，则触发配置管理流程，CMDB 管理员依据变更记录表中记录的变更后配置项信息维护 CMDB 中相关的配置项信息，修改完毕后发布当前正确的配置项集合。如果变更评价显示该变更未成功实施或实施后的结果未被审核人员评价通过，则触发变更回退机制并且相关配置项信息不做更改。

1.2.1　配置流程

配置管理遵循以下原则。

❑　按照统一的分类原则和属性关系定义构建 CMDB，按统一的配置管理流程进行配置项的管理，按照统一的配置审核计划进行审核。

❑　各配置管理员根据统一的配置项分类原则分别识别需要纳入配置管理的配置项，按照统一的配置项分类属性收集相关配置信息，负责维护和更新配置信息。

❑　各配置管理员负责提供配置项管理情况，由配置流程经理负责编写汇总的报告。

为保证 CMDB 信息的正确性，需要定期或不定期对配置信息进行审核。

❑　定期审核至少每半年进行一次，将依据内审管理制度及配置审核计划对 CMDB

与实际情况进行审核。

❑ 每年的配置项审核要做到配置项分类全覆盖。

❑ 不定期审核在以下情况发生：重大变更、发布前后；客户、外部监管机构要求；执行连续性计划恢复服务后。

❑ 若在配置审核或日常工作中发现配置项信息与实际情况不一致，应尽快对配置信息进行纠正，纠正的历史信息应可被追溯。

配置基线管理策略如下。

❑ CMDB 建立后需要制定首个配置基线。

❑ 制定配置基线的频率：应通过备份的方式，确保变更实施前的相关配置项信息可以被追溯。

❑ 配置基线保留期限一般为一年，可视查询需求调整，配置基线应有备份。

配置项权限控制策略如下。

❑ CMDB 结构（分类、属性、关系等结构）增删改权限：配置流程经理经部门负责人授权后可以修改 CMDB 的结构。

❑ 配置项信息增删改权限：配置管理员拥有职能范围对应分类的配置项的增删改权限。

软件介质的管理策略如下。

❑ 纳入 CMDB 管理的软件类配置项所使用的安装介质均需集中存放在安全的物理位置，由专人统一管理。

1. 配置管理基本流程

配置管理基本流程包括策划、识别、维护、审核及回顾等，如图 1-1 所示。

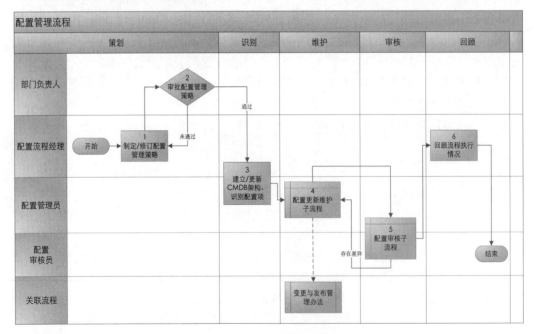

图 1-1　配置管理基本流程

配置管理的流程步骤描述如表 1-10 所示。

表 1-10 配置管理流程步骤描述

步 骤	输 入	步 骤 描 述	输 出
（1）制定/修订配置管理策略	配置管理要求	配置流程经理组织制定或修订配置管理相关定义及策略，包括配置管理的范围、结构规划、审核策略等，并接受部门负责人的审阅确认	配置管理策略
（2）审批配置管理策略	配置管理策略变更申请	部门负责人对配置流程经理提出的配置管理策略新增/修订内容进行审批，审批通过进入下一步骤，否则退回上一步骤重新修订	审批通过的配置管理策略变更申请表
（3）建立/更新CMDB 架构、识别配置项	审批通过的配置管理策略	① 配置流程经理负责按照配置管理策略建立（或更新）CMDB 架构；② 配置管理员在 CMDB 架构之下，收集需要新增（或更新）的配置项、配置项属性及配置项关联关系等信息	待更新的配置信息
（4）配置更新维护子流程	待更新的配置信息	根据"配置更新维护子流程"对CMDB 进行更新和维护	更新后的 CMDB
（5）配置审核子流程	配置审核策略	配置流程经理按照"配置审核流程"发起配置审核	配置审核报告
（6）回顾流程执行情况	配置审核报告流程执行效果	配置流程经理依照服务报告管理流程的要求，定期对配置管理流程进行回顾，识别改进机会，编制配置管理报告	配置管理报告

2. 配置管理更新维护子流程

配置管理更新维护子流程包括实施与复核，如图 1-2 所示。

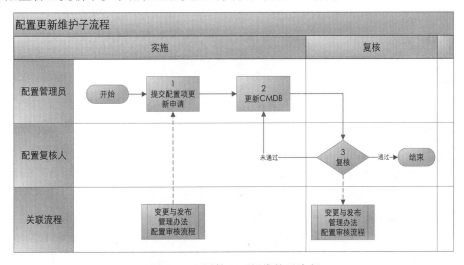

图 1-2 配置管理更新维护子流程

配置更新维护子流程的步骤包括提交配置项更新申请、更新 CMDB 和复核，详细描述如表 1-11 所示。

表 1-11 配置更新维护子流程步骤描述

步　　骤	输　　入	步　骤　描　述	输　　出
（1）提交配置项更新申请	CMDB 配置项变更需求	以下两种情况下可以进行 CMDB 的更新。 ① 在变更中主动更新配置项； ② 在配置审核流程或日常工作中如发现 CMDB 中配置项信息错误，或日常工作中需在变更流程管控范围以外新增、修改配置项	变更单中的配置变更信息
（2）更新 CMDB	变更单中的配置变更信息	配置管理员按配置项变更申请内容更新 CMDB	更新的 CMDB
（3）复核	变更单中的配置变更信息或配置项变更申请单	配置复核人对配置管理员更新的 CMDB 进行复核，在确认信息准确之后正式完成 CMDB 更新。 ① 如复核通过，将更新结果反馈给配置审核流程或变更管理流程，流程结束； ② 如复核未通过，则回到步骤（2）	复核过的 CMDB

3．配置审核子流程

配置审核子流程包括准备审核、实施审核、得出报告，详细内容如图 1-3 所示。

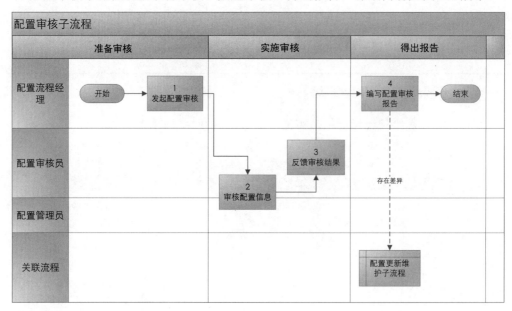

图 1-3　配置审核子流程

配置审核子流程步骤依次包括发起配置审核、审核配置信息、反馈审核结果、编写配置审核报告，详细描述如表 1-12 所示。

表 1-12　配置审核子流程步骤描述

步　骤	输　入	步　骤　描　述	输　出
（1）发起配置审核		配置流程经理组织发起配置审核，制订审核计划，落实本次审核范围和抽样比例，确定配置审核员	配置审核计划
（2）审核配置信息	配置审核计划	① 配置审核员根据审核计划，对 CMDB 配置项属性、关联关系等信息的正确性进行检查，并记录检查结果； ② 配置管理员和各组负责人根据实际情况配合配置审核员开展审核工作	配置审核结果
（3）反馈审核结果	配置审核结果	配置审核员将审核结果反馈给相关人员进行确认	书面审核结果
（4）编写配置审核报告	书面审核结果	配置流程经理根据审核结果，分析差异原因，提出改进要求，形成配置审核报告，同时要求相关人员按照配置更新维护流程修正配置项信息，并反馈修改结果	配置审核报告

1.2.2　配置自动发现

随着"互联网+"新形势的发展，越来越多的企业步入双态 IT（即稳定态 IT 和敏捷态 IT）时代，信息化环境越来越复杂，企业急需建立一套合适的配置管理库（CMDB），像人类"大脑"一样统一存储从基础架构到业务应用各层面的配置信息，以便协调"身体"（运维系统）各部分完成复杂的运维工作。

CMDB 是运维中最难建设的部分，是运维人的痛点。CMDB 建设有三大难点：一是配置项识别；二是配置管理模型的创建与维护；三是保证配置数据的持续更新。当前业界主要靠流程控制、人工维护和自动发现解决数据鲜活、准确的问题。流程控制和人工维护都摆脱不了人的参与，人免不了会"偷懒"、出错。在这个信息爆炸的大数据时代，再依靠人运维，配置管理很难持续。所以，要想数据准确，关键还是要靠自动发现。

△ 1.3　配置管理工具

1.3.1　CMDB 数据库介绍与实践

CMDB 全称 configuration management database，即配置管理数据库。CMDB 存储与管理企业 IT 架构中设备的各种配置信息，它与所有服务支持和服务交付流程都紧密相联，支持这些流程的运转、发挥配置信息的价值，同时依赖于相关流程保证数据的准确性。在实际的项目中，CMDB 常常被认为是构建其他 ITIL 流程的基础而优先考虑，ITIL 项目的成败与是否成功建立 CMDB 有非常大的关系。

由于 CMDB 是 ITIL 流程支持的核心，它需要为 ITIL 其他流程提供 IT 服务及基础架构层面的配置信息，所以只有 CMDB 记录的数据完整，才能准确地反映 IT 服务的真实状态。而所谓 CMDB 的完整，包含了配置管理范围的识别、CI（configuration item，配置项）属性的选取和 CI 关系的构建。CMDB 的建设包含以下几个步骤。

1. 确定配置管理的范围

这主要涉及 CI 的宽度和深度，以及 CI 的生命周期。需要说明的是，ITIL 规范认为，CI 的生命周期是从 CI 的接收到最终报废退出的全过程，但在具体实施过程中，由于流程管理主体的差异化，不同项目对 CI 生命周期的划分和定义会有所不同。

在确定 CI 的宽度和深度时，设计者应当从企业 IT 服务的需求、企业 IT 服务管理水平和 CMDB 运营管理成本 3 个方面进行合理规划。具体来说，CMDB 构建应该主要从 IT 服务角度考虑，IT 服务本身也可以作为 CI 记录到 CMDB 中，同时 IT 服务涉及的 IT 基础架构及其相关的重要信息都应记录到 CMDB 中；必须认识到 CMDB 与企业 IT 服务管理水平之间紧密的联动。企业 IT 服务管理水平提升，其对 CMDB 的依赖程度也随之上升，对 CMDB 数据的准确性和完整性要求也越高。同时，企业变更管理的成熟度，包括变更管理范围和流程执行力度也将在很大程度上影响 CMDB 数据的准确性和完整性；成本方面，CI 的颗粒度决定 CMDB 中信息的详细程度，而这些信息的有效维护取决于 IT 部门投入的管理成本。如果无法投入相应资源进行 CMDB 的维护，其数据准确性便无法保证，也无法发挥其应有的价值。

CI 生命周期的确定主要包含对以下两个问题的确定。

❑ 什么时候识别 CI 并记录到 CMDB。在标准的配置管理流程中，CI 全生命周期的理想状态应该覆盖从采购申请到报废退出的过程。但在实际实施时，流程执行主体的管理范围和职责将决定 CI 被识别的时间点。

❑ 什么时候删除 CI 记录。这一时间点同样由流程执行主体的管理范围和职责所决定。例如，对于租赁的 CI，IT 部门并不关心它的报废过程，只关心其在生产环境中的运营状况，因此 CI 被租赁公司更换，该记录就有可能被标记为删除。CI 记录的删除并不是数据的真正删除，而是将其标记为删除，这样做的目的是为 IT 审计提供数据支持。

2. 定义配置项的属性

对于同一类型 CI 属性的定义，不同企业的定义方法可能截然不同。通常情况下，设计者需要遵循一个原则和一套结构。一个原则就是"精而不多"。如果将大量属性纳入 CMDB，那么无疑将加大信息维护的成本。反之，如果属性过少，CMDB 对流程支持的有效性就降低了。所以，所谓"精而不多"就是找到适合自身需求的平衡点。ITIL 提倡以服务为导向的配置管理。例如，一台商用服务器可能会包含上百个属性，但实际上经过筛选，对企业有实际意义的往往是 CPU 个数、CPU 主频、内存、硬盘、网卡等信息。

一套结构指的是，通常可以把一个 CI 的属性分为五大来源。具体的划分方法如表 1-13 所示。

表 1-13 配置项五大来源

来　　源	举　　例
需要记录的配置项（CI）本身	品牌、型号、所在位置、用途、IP、功率等
IT 资产维护需要	供应商、购买日期、维保信息
IT 服务财务管理需要	成本、收费

续表

来　　源	举　　例
IT 服务管理流程需要	性能信息、配置信息、安全等级、容错能力等
配置项（CI）管理需要	管理信息，如配置分类、CI 名称、CI 状态等

3. 构建 CI 之间的关系

CI 关系的定义也是配置管理建设与 IT 资产管理建设的区别之一。一般可以采取两种方法进行 CI 关系的梳理工作，即"自上而下"和"自下而上"的方法。"自上而下"通常要求企业先明确对外提供的服务目录，然后基于服务目录按照"业务服务→IT 服务→IT 系统→IT 组件"的顺序进行梳理；"自下而上"则是逆流而上，先从对内部 IT 组件关系的梳理开始，然后逐步将 IT 组件映射到 IT 服务。

上线后的 CMDB 需要向 ITSM 系统提供准确的配置管理数据，尤其是要做到所记录信息与生产环境的数据保持一致，这就需要建立一套良好的配置管理运作机制。这套机制包括配置管理政策的制定、确定流程间的接口关系、制定 CMDB 审计流程，以及配置管理的角色安排等工作。流程运作上需保证以下几个步骤的正常运行。

1）配置管理政策的制定

该政策是企业配置管理的行动指南和共同纲领。它能够帮助企业统一认识，减少不必要的沟通成本，实现流程的高效执行。配置管理政策主要包含宏观政策和运营政策。其中，宏观政策涉及企业或 IT 部门层面指导性、方向性的政策，目标是在企业内部形成统一认识。例如，IT 部门应该使用统一的配置管理流程，并且使用标准的文档记录和汇报机制。

运营政策主要涉及流程目标、人员、输入、输出、活动和 KPI（关键绩效指标）等要素，以及流程之间相互协调、信息交互方面的指导原则，其目标是使流程能够在政策的指引下稳健、有效地执行。一般而言，包括 CI 的命名规范政策、CMDB 数据保留政策，以及数据备份和恢复政策等。

2）确定流程间的接口关系

要实现 CMDB 的有效运作，成熟的变更/发布管理流程必不可少。其原因是，这一流程掌握着 CMDB 中数据变更的通行证。变更/发布管理流程与 CMDB 更新之间的关系如下。CMDB 数据的任何变更都应该对应已批准的变更请求单。同时，由变更管理流程将变更信息提供给负责配置管理的相关人员进行 CMDB 数据的更新。其中，CMDB 数据的更新主要包括以下 3 种情况。

❑ CMDB 数据结构的变更。通常发生在因管理需要而重构 CMDB 模型的情况下，例如新增需要进行变更控制而未识别的 CI，因服务调整而重新梳理 CI 间的关系，等等。

❑ 新增或删除 CI。指对已有 CI 的操作，例如更换或报废设备，新采购标准的配置，等等。从方便管理的角度出发，IT 服务供应商往往会制定标准配置清单，用户应根据实际关系需求，确定配置清单颗粒细节的符合度。

❑ 修改 CI 的属性。此类变更是针对某 CI 具体属性的操作，例如增加了某服务器 CI 的硬盘容量，就需要对其相应属性进行调整。需要注意的是，CI 属性的变更通常会关联到其他 CI 属性的调整。例如，硬盘 CI 信息变更时，管理员还需要调整服务器 CI 的属性，这无疑将会增加数据维护的成本。针对这一问题，建议企业在确定 CI 属性数据时，尽可能地从其他可靠数据源中获取。例如，可以将服务器需要的硬盘容量属性数据通过数据继承关系，从硬盘 CI 本身的属性中获取。

3）制定 CMDB 审计流程

在确保 CMDB 变更准确性的前提下，变更管理流程的构建需要经历一个持续改进的过程。用户往往会遇到 CMDB 数据仍与实际环境不符的问题，这就需要通过审计流程进行检查、分析和修订。

CMDB 审计过程中需要注意的是，首次审计一般发生在 CMDB 初始化准备上线之前，此后 CMDB 的全面审计应该定期展开，企业应根据需要设置周期，一般一年至少展开一次。另外，CMDB 还需要进行一些专项审计，从而小范围、细致地核查某类 CI 或某项关键服务所涉及的 CI"账实相符"的状况。当 CMDB 审计发现数据不符时应尽快查明原因，并通过变更工单提请变更，最终修改 CMDB 数据。CMDB 审计流程应该独立展开，审计员应由监管单位或部分相关人员担任。

4）配置管理的角色安排

在政策和流程确立之后，具体的执行还是需要人来推动。因此，就进入了配置管理角色设置的环节。配置管理活动所涉及的角色主要分为 4 类，即配置管理流程责任人、配置经理、配置管理员、配置审计员，他们各司其职，共同协助完成 CMDB 的运作任务。其中，配置管理流程责任人需要对整个流程执行的结果负责，并拥有一定的流程管理权力；配置经理主要担当流程开发和管理的角色，重点确保配置信息的准确性和可用性；配置管理员负责维护配置数据，保证提供给 IT 部门的 CMDB 信息总是准确的；配置审计员则主要负责通过审计操作确认配置数据。

1.3.2　自动配置工具

要实现配置自动发现，需要有一个好用的基础采集工具。谈到开源的自动化配置管理工具，就不得不说 Puppet、Chef、Ansible 和 SaltStack 这 4 驾马车。

1. Puppet 介绍与实践

Puppet 是一个优秀的基础设施管理平台。下面将介绍 Puppet 的工作原理，以及它是如何帮助处于各种不同状况的团队增强协作能力，以进行软件开发和发布的。这种工作方式的演变通常被称作 DevOps（开发运维）。

"Puppet"这个词实际上包括了两层含义：它既代表编写这种代码的语言，也代表对基础设施进行管理的平台。

1）Puppet 语言

Puppet 是一种简单的建模语言，使用它编写的代码能够对基础设施的管理实现自动化。Puppet 允许对整个系统（称之为节点）所希望达到的最终状态进行简单的描述。这与过程式的脚本有明显的不同：编写过程式的脚本需要读者清楚地知道如何将某个特定的系统转变至某种特定的状态，并且正确地编写所有步骤。而使用 Puppet 时，读者不需要了解或指定达到最终状态的步骤，也无须担心因为错误的步骤顺序，或是细微的脚本错误而造成错误的结果。

与过程式的脚本的另一点不同在于，Puppet 的语言能够跨平台运行。Puppet 的核心思想是基于声明式模型进行系统配置。在这个模型中，管理员只需要描述他们希望系统达到的理想状态（状态抽象），而无须关心实现这一状态的具体步骤和技术细节。例如，当管理员想在多台服务器上安装特定版本的软件包、配置特定服务或管理用户账户时，无须详细了解在各种操作系统平台上执行这些操作的具体命令、参数或文件格式。他们只需在 Puppet 的配置文件（Manifests）中定义这些配置项的状态，Puppet 会根据这些声明自动生成并执行必要的命令，确保系统达到预定状态。

这种抽象的概念正是 Puppet 功能的关键所在，它允许使用者自由选择最适合其本人的代码对系统进行管理。这意味着团队之间能够更好地进行协作，团队成员也能够对他们所不了解的资源进行管理，这种方式促进了团队共同承担责任的意识。

Puppet 这门建模语言的另一个优势在于：它是可重复的。通常来说，要继续执行脚本文件，必须对系统进行变更。但 Puppet 可以被不断地重复执行，如果系统已经达到了目标状态，Puppet 就会确保停留在该状态。

2）资源

Puppet 语言的基础在于对资源的声明。每个资源都定义了系统的一个组件，如某个必须运行的服务，或是某个必须被安装的包。以下是一些其他类型资源的示例：某个用户账号、某个特定的文件、某个文件夹、某个软件包、某个运行中的服务。

可以将资源想象为构建块，它们将结合在一起，对读者所管理的系统的目标状态进行建模。

Puppet 将类似的资源以类型的方式进行组织。举例来说，用户是一种类型，文件是另一种类型，而服务又是一种类型。当我们正确地对某个资源的类型进行描述之后，接下来只需要描述该资源所期望的状态即可。比起传统的写法，如"运行这个命令，以启动 XYZ 服务"，我们只需简单地表示"保证 XYZ 处于运行状态"就可以了。

提供者则在一种特定的系统中使用该系统本身的工具实现各种资源类型。由于类型与提供者的定义被区分开来，因此某个单一的资源类型（例如"包"）能够管理多种不同的系统中所定义的包。举例来说，你的"包"资源能够管理 Red Hat 系统下的 yum、基于 Debian 的系统下的 dpkg 和 apt，以及 BSD 系统中的端口。

通常来说，管理员不大有机会对提供者进行定义，除非管理员打算改变系统的默认值。Puppet 中已经精确地写入了提供者，因此我们无须了解如何对运行在基础设施中的各种操作系统或平台进行管理。再次声明，由于 Puppet 将细节进行了抽象，因此我们无须担心各种细节问题。如果确实需要编写提供者，通常也能够找到一些简单的 Ruby 代码，其中封装了各种 shell 命令，因此通常非常简短，同时也便于创建。

类型和提供者使 Puppet 能够运行在各种主流平台上，并且允许 Puppet 不断成长与进化，以支持运算服务器之外的各种平台，例如网络与存储设备。

3）类、清单与模块

Puppet 语言中其他元素的主要作用是为资源的声明提供更多的灵活性和便捷性。类在 Puppet 中的作用是切分代码块，将资源组织成较大的配置单元。类的创建与调用可以在不同的地方完成。不同的类集合可以应用在扮演不同角色的节点上。通常将其称为"节点分类"，这是一项非常强大的能力，它允许我们根据节点的能力，而不是根据节点的名称对它们进行管理。这种"别把家畜当宠物"的机器管理方式，得到了许多快速发展的组织的偏爱。

Puppet 语言文件被称为清单，最简单的 Puppet 部署方式就是一个单独的清单文件加上一些资源。如果你有一个名为 user-present.pp 的文件，其中包含了一些定义用户资源的 Puppet 代码，那么这个文件就是一个典型的 Puppet 清单文件。在该文件中，你可以定义如用户账号、文件权限、软件包安装等各种资源的状态。

模块是一系列类、资源类型、文件和模板的结合，它们以某个特定的目的，按照某种特定的、可预测的结构组织在一起。模块可以为了各种目的而创建，可以是对 Apache 实例进行完整的配置以搭建一套 Rails 应用程序，也可以为各种其他目的进行创建。通过将各种复杂特性的实现封装在模块中，管理员能够使用更小、可读性更好的清单文件对模块进行调用。

Puppet 模块的一个巨大优势在于模块的重用性。用户可以自由使用他人编写的模块，并且 Puppet 有一个参与者数量巨大的活跃社区，除了 Puppet Labs 的员工所编写的模块，社区成员们也会免费地分享他们所编写的模块。读者能够在 Puppet Forge 上找到超过 3000 个可以免费下载的模块，其中有许多模块是系统管理员工作中最常见的一些任务，因此这些模块能够节约大量的时间。例如，读者可以使用模块进行各种管理任务，包括简单的服务器构建块（NTP、SSH）管理，乃至复杂方案（SQL Server 或 F5）的管理。

类、清单和模块都是纯粹的代码，与组织中所需要的其他任何代码一样，它们能够、也应该被签入版本控制系统中，稍后将展开讨论。

4）Puppet 平台

完整的 Puppet 解决方案不仅仅是指这门语言。使用者需要在不同的基础设施中部署 Puppet 代码，时不时地对代码及配置进行更新，纠正不恰当的变更，并且时时对系统进行检查，以保证每个环节的正常运行。为了满足这些需求，大多数使用者会在某个主机-代理结构中运行 Puppet 解决方案，由一系列组件所组成。根据不同的需求，使用者可以选择运行一个或多个主机。每个节点上都会安装一个代理，通过一个经过签名的安全连接与主机进行通信。

采取主机-代理这一结构的目的是将 Puppet 代码部署在节点上，并长期维护这些节点的配置信息。在对节点进行配置之前，Puppet 会将清单编译为一个目录（catalog），目录是一种静态文档，在其中对系统资源及资源间的关系进行定义。根据节点的工作任务，以及任务的上下文不同，每个目录将对应一个单独的节点。目录定义了节点将如何工作，Puppet 将根据目录的内容对节点进行检查，判断该节点的配置是否正确，并且在需要时应用新的配置。

在读者使用 Puppet 时，是在对自己的基础设施进行建模，正如对代码建模一样。读者能够用像对待代码一样的方式处理 Puppet，或者从更广的意义上说，是对基础设施的配置进行同样的处理。Puppet 代码能够方便地进行保存和重用，能够与运维团队的其他成员，以及其他任何需要对机器进行管理的团队成员进行分享。无论是在笔记本式计算机的开发环境上，还是在生产环境上，开发人员和运维人员都能够使用相同的清单对系统进行管理。因此，当代码发布到生产环境时，各种令人不快的打击就会少很多，这将大大改善部署的质量。

将配置作为代码处理，系统管理员就能够为开发人员提供独占的测试环境，开发人员也不再将系统管理员视为碍事的人。甚至可以将 Puppet 代码交付审计，如今有许多审计都接收 Puppet 清单，以进行一致性验证。这些都能够提升组织的效率，并点燃员工的工作热情。

最重要的一点或许在于，我们能够将 Puppet 代码签入某个共享的版本控制工具，这将为基础设施提供一个可控的历史记录。此外，还可以实行在软件开发者中十分常见的结对审查实践，让运维团队也能够不断地对配置代码进行改善、变更和测试，直到你有信心将配置提交至生产环境。

由于 Puppet 支持在模拟环境或 noop 模式下运行，因此，我们可以在应用改动之前检查改动会造成的影响。这将大大缓解部署的压力，因为可以随时选择回滚。

通过在 Puppet 使用中结合版本控制，以及之前所提到的各种优秀实践，许多客户实现了持续集成方面的最高境界，能够更频繁地将代码提交至生产环境，并且产生的错误更少。如果能够以更小的增量部署应用，就能够更早、更频繁地获得用户的反馈，它将告诉我们是否处在正确的前进方向上。这样就可以避免在经过 6～12 个月开发工作并提交了大量代码之后，却发现它并不符合客户的需要，或是对客户没有吸引力这种悲惨情形的发生。

客户会选择与开发人员的应用程序代码同步对开发、测试以及生产环境上的配置进行变更，这就让开发者能够在一个非常接近于真实环境，甚至与生产环境完全相同的环境中进行工作。再也不会发生由于在开发与测试环境中的配置不同，导致应用程序在生产环境上崩溃的情况。

2．Chef 介绍与实践

Chef 是一个全新的开源应用，包括系统集成、配置管理和预配置等功能，由来自华盛顿西雅图的 Opscode 基于 Apache 2.0 许可证发布。Chef 通过定义系统节点、食谱（cookbook）和程序库进行工作，食谱用于表达管理任务，而程序库则用于定义和其他，如应用程序、数据库或者像 LDAP 目录一类的系统管理资源等工具之间的交互。

Chef 通过基于 Ruby 的 DSL 来实现，而该 DSL 又是通过 Chef 客户端来进行解释的，并在 Chef 服务器的指导下进行工作。客户端通过 OpenID 向服务器发起认证，然后自动同步必要的资源和程序库。客户端将利用这些资源来逐步配置客户端的节点，这个步骤叫作"收敛（convergence）"。理想情况下，配置可以在一步内完成；如果没有达到目标，系统会稍后再次调用，并向期望的最终状态进行"收敛"。

1）Chef 简介

Chef 是由 Ruby 开发的服务器的构成管理工具。想象一下，现在需要搭建一台 MySQL database slave 服务器，手动操作后，需要搭建第二台；如果之前安装第一台的时候把操作过程执行的命令写成脚本，那么现在安装第二台，运行一下脚本就可以了，节约时间而且不容易出错。Chef 就相当于这样的一个脚本管理工具，但功能强大得多，可定制性强。Chef 将脚本命令代码化，定制时只需要修改代码，安装的过程就是执行代码的过程。

打个比方，Chef 就像一个制作玩具的工厂，它可以把一些原材料做成漂亮的玩具。它有一些模板，我们把原材料放进去，选择一个模板（如怪物史莱克），它就会制造出这个玩具。服务器的配置也是这样，一台还没有配置的服务器，我们给它指定一个模板（role 或 recipe），Chef 就会把它配置成我们想要的线上服务器。

这只是 Chef 的一方面，因为安装好系统后执行一个脚本也可以达到同样的目的。Chef 还有另一方面是脚本达不到的，那就是 Chef 对经过配置的服务器有远程控制的能力，它可以随时对系统进行进一步的配置或修改，就像前面的玩具工厂可以随时改变它的玩具的颜色、大小。我们也可以通过手动的方式达到目的，但是当服务器比较多的时候，使用手动的方式就不那么乐观了。

2）Chef 的 3 种管理模式

❑ Chef-Solo：由一台普通计算机控制所有的服务器，不需要专设一台 chef-server。

❑ Client-Server：所有的服务器作为 chef-client，统一由 chef-server 进行管理，管理包括安装、配置等工作。chef-server 可以自建，但安装的东西较多，由于使用 solr 作为全文搜索引擎，因此还需要安装 Java。

❑ Opscode Platform：类似于 Client-Server，只是 Server 端不需要自建，而是采用 http://www.opscode.com 提供的 chef-server 服务。

3）Chef 能做什么

Chef 几乎能做任何事情。由于 Chef 使用类似模板的方法对服务进行配置，大家可能认为它只适合于配置一些比较类似的服务。其实，只要你可以对一台服务器执行命令，你就可以对这台服务器做任何配置。

4）Chef 工作管理

在 Workstation 上定义各个 Client 应该如何配置自己，然后将这些信息上传到中心服务器，可以分为以下两个方面。

（1）Chef 利用 Recipe 和 Role 定义出来一些模板，如一个名为 MySQL 的 Role 可能描述怎么配置才能成为一个 MySQL 服务器，利用其 run_list 中包含的 Role 和 Recipe 实现这种描述；Chef 再指定各个 Client 应用哪些模板。如给 Client1 指定 MySQL 的 Role，实际上只是将 MySQL 中 run_list 里的东西加到 Client1 的 run_list 里。

（2）每个 Client 连到中心服务器查看如何配置自己，然后进行自我配置。

❑ Client 连到中心服务器查看自己的 run_list 中都有哪些内容（Role 和 Recipe），并传递一份需要的 Cookbook。

❑ 把 run_list 里的 Role 展开成 Recipe，就得到一个 Recipe 的列表。

❑ 这些 Recipe 都属于哪些 Cookbook，这些 Cookbook 可能就是被传递的对象。

❑ Client 把 run_list 中的内容按顺序（重要程度）展开成 Resource（得到一个 Resource 的列表）。

❑ Client 按顺序（重要程度）应用这个 Resource 列表来进行自我配置。

❑ Provider 负责把这个抽象的 Resource 对应到具体的系统命令。

3. Ansible 介绍与实践

Ansible 是一个 IT 自动化工具。它可以配置系统、开发软件，或者编排高级的 IT 任务，例如持续开发或者零宕机滚动更新。

Ansible 的主要目标是简单易用。它也同样专注安全性和可靠性、最小化的移动部件，使用 Openssh 传输，提供易于人类阅读的语言，使不熟悉编程的人也可以看得懂。

Ansible 适用于管理所有类型的环境，从随手可安装的实例，到企业级别的成千上万个实例都可行。

Ansible 管理机器使用无代理的方式。更新远端服务进程或者因为服务未安装导致的问题在 Ansible 中从来不会发生。因为 Openssh 是很流行的开源组件，安全问题大大降低了。Ansible 是非中心化的，它依赖于现有的操作系统凭证来访问并控制远程机器。如果需要的话，Ansible 可以使用 Kerberos、LDAP 和其他集中式身份验证管理系统。

Ansible 是一个模型驱动的配置管理器，支持多节点发布、远程任务执行。默认使用 SSH 进行远程连接，无须在被管理节点上安装附加软件，可使用各种编程语言进行扩展。

1）Ansible 基本架构

Ansible 基本框架包括如下内容。

- ❑ 核心：Ansible。
- ❑ 核心模块（core modules）：Ansible 自带的模块。
- ❑ 扩展模块（custom modules）：如果核心模块不足以完成某种功能，可以添加扩展模块。
- ❑ 插件（plugins）：完成模块功能的补充。
- ❑ 剧本（playbooks）：Ansible 的任务配置文件，将多个任务定义在剧本中，由 Ansible 自动执行。
- ❑ 连接插件（connectior plugins）：Ansible 基于连接插件连接到各个主机。虽然 Ansible 是使用 SSH 连接到各个主机的，但是它还支持其他的连接方法，所以需要有连接插件。
- ❑ 主机群（host inventory）：定义 Ansible 管理的主机。

2）Ansible 工作原理

图 1-4 和图 1-5 所示为 Ansible 工作原理图，两张图基本都是在架构图的基础上进行的拓展。

- ❑ 管理端支持 SSH、ZeroMQ、Local、Kerberos LDAP 等连接被管理端，默认使用基于 SSH 的连接，这部分对应基本架构图中的连接模块。
- ❑ 可以按应用类型等方式进行 Host Inventory（主机群）分类，管理节点通过各类模块实现相应的操作——单个模块、单条命令的批量执行，可以称为 ad-hoc。

管理节点可以通过 Playbooks 实现多个 task 的集合实现一类功能，如 Web 服务的安装部署、数据库服务器的批量备份等。Playbooks 可以被简单理解为一种将多条 ad-hoc 操作组合在一起的配置文件。

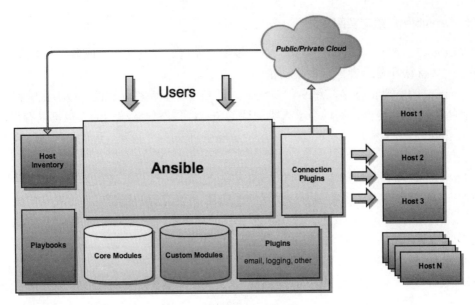

图 1-4　Ansible 工作原理图一

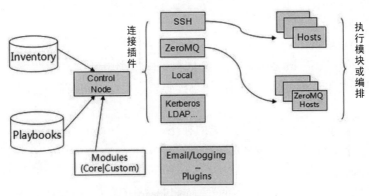

图 1-5　Ansible 工作原理图二

3）Ansible 常用命令

安装完 Ansible 后，发现 Ansible 一共提供了 7 个指令：ansible、ansible-doc、ansible-galaxy、ansible-lint、ansible-playbook、ansible-pull、ansible-vault。这里只查看 usage 部分，详细内容可以通过"指令 -h"的方式获取。

（1）ansible。

```
[root@localhost ~]# ansible -h
Usage: ansible <host-pattern> [options]
```

ansible 是指令核心部分，主要用于执行 ad-hoc 命令，即单条命令。默认后面需要跟主机和选项部分，默认不指定模块时，使用的是 command 模块。不过默认使用的模块是可以在 ansible.cfg 中进行修改的。ansible 命令下的参数部分解释如下。

```
-a 'Arguments', --args='Arguments' 命令行参数
-m NAME, --module-name=NAME 执行模块的名字，默认使用 command 模块，所以如果是只执
```

行单一命令可以不用-m 参数

-i PATH, --inventory=PATH 指定库存主机文件的路径，默认为/etc/ansible/hosts.

-u Username, --user=Username 执行用户，使用这个远程用户名而不是当前用户

-U --sudo-user=SUDO_User sudo 到哪个用户，默认为 root

-k --ask-pass 登录密码，提示输入 SSH 密码而不是假设基于密钥的验证

-K --ask-sudo-pass 提示密码使用 sudo

-s --sudo sudo 运行

-S --su 用 su 命令

-l --list 显示所支持的所有模块

-s --snippet 指定模块显示剧本片段

-f --forks=NUM 并行任务数。NUM 被指定为一个整数，默认是 5。#ansible testhosts -a "/sbin/reboot" -f 10 重启 testhosts 组的所有机器，每次重启 10 台

--private-key=PRIVATE_KEY_FILE 私钥路径，使用这个文件验证连接

-v --verbose 详细信息

all 针对 hosts 定义的所有主机执行

-M MODULE_PATH, --module-path=MODULE_PATH 要执行的模块的路径，默认为/usr/share/ansible/

--list-hosts 只打印有哪些主机会执行这个 playboo 文件，不是实际执行该 playbook 文件

-o --one-line 压缩输出，摘要输出，尝试一切都在一行上输出

-t Directory, --tree=Directory 将内容保存在该输出目录

-B 后台运行超时时间

-P 调查后台程序时间

-T Seconds, --timeout=Seconds 时间，单位秒（s）

-P NUM, --poll=NUM 后台任务的轮询间隔时间。需要-B 选项让任务在后台运行

-c CONNECTION, --connection=CONNECTION 指定建立连接的类型，一般有 SSH、Localhost FILES

--tags=TAGS 只执行指定标签的任务，例如：ansible-playbook test.yml --tags=copy 只执行标签为 copy 的那个任务

--list-hosts 只打印有哪些主机会执行这个 playbook 文件，而不是实际执行该 playbook 文件

--list-tasks 列出所有将被执行的任务

-C, --check 只是测试一下会改变什么内容，不会真正去执行；相反，试图预测一些可能发生的变化

--syntax-check 执行语法检查的剧本，但不执行它

-l SUBSET, --limit=SUBSET 进一步限制所选主机/组模式

--skip-tags=SKIP_TAGS 只运行戏剧和任务不匹配这些值的标签

--skip- tags=copy_start

-e EXTRA_VARS, --extra-vars=EXTRA_VARS 额外的变量设置为"键=值"或 YAML / JSON

    #cat update.yml

    - hosts: {{ hosts }}
      remote_user: {{ user }}

    ...

    #ansible-playbook update.yml --extra-vars "hosts=vipers user=admin" 传递 {{hosts}}、{{user}}变量，hosts 可以是 IP 或组名

-l,--limit 对指定的主机/组执行任务

（2）ansible-doc。

```
# ansible-doc -h
Usage: ansible-doc [options] [module...]
```

该指令用于查看模块信息，常用参数有-l 和-s 两个，具体如下。

```
//列出所有已安装的模块
# ansible-doc   -l
//查看具体某模块的用法，如查看 command 模块
# ansible-doc   -s command
```

（3）ansible-galaxy。

```
# ansible-galaxy -h
Usage: ansible-galaxy [init|info|install||list|remove] [--help] [options] ...
```

ansible-galaxy 指令用于方便地从 https://galaxy.ansible.com/ 站点下载第三方扩展模块，可以形象地理解其类似于 centos 中 yum、python 下的 pip 或 easy_install，示例如下。

```
[root@localhost ~]# ansible-galaxy install aeriscloud.docker
- downloading role 'docker', owned by aeriscloud
- downloading role from https://github.com/AerisCloud/ansible- docker/archive/ v1.0.0.tar.gz
- extracting aeriscloud.docker to /etc/ansible/roles/aeriscloud. docker
- aeriscloud.docker was installed successfully
```

这个示例安装了一个 aeriscloud.docker 组件，前面的 aeriscloud 是 galaxy 上创建该模块的用户名，后面对应的是其模块。在实际应用中也可以指定 txt 或 yml 文件进行多个组件的下载安装。这部分内容可以参见官方文档。

（4）ansible-lint。

ansible-lint 是对 playbook 的语法进行检查的一个工具。用法是 ansible-lint playbook.yml。

（5）ansible-playbook。

该指令是使用最多的指令。其通过读取 playbook 文件执行相应的动作。这将作为一个重点在后文进行讲解。

（6）ansible-pull。

该指令涉及 Ansible 的另一种模式——pull 模式。这和平常经常用的 push 模式刚好相反，其适用于以下场景：有数量巨大的机器需要配置，即使使用非常高的线程还是要花费很多时间；要在一个没有网络连接的机器上运行 Anisble，如在启动之后安装。

（7）ansible-vault。

ansible-vault 主要应用于配置文件中含有敏感信息，又不希望它被人看到的情况。vault 可以帮助我们加密/解密这个配置文件，属于高级用法。在 playbooks 中，如果涉及配置密码或其他变量的操作，可以通过该指令加密，这样通过 cat 看到的会是一个密码串类的文件，编辑的时候需要输入事先设定的密码才能打开。这种 playbook 文件在执行时，需要加上-ask-vault-pass 参数，同样需要输入密码后才能正常执行。该部分的具体内容可以查看官方博客。

上面 7 个指令，用得最多的只有 ansible 和 ansible-playbook 两个，这两个一定要掌握，其他 5 个属于拓展或高级部分。

4．SaltStack 介绍与实践

SaltStack 管理工具允许管理员对多个操作系统创建一个一致的管理系统，包括 VMware vSphere 环境。

SaltStack 作用于仆从和主拓扑。SaltStack 与特定的命令结合使用可以在一个或多个下属执行。实现这一点，此时 Salt Master 可以发出命令，如 salt '*' cmd.run 'ls -l /'。

除了运行远程命令，SaltStack 允许管理员使用 grain。grain 可以在 SaltStack 仆从运行远程查询，因此收集仆从的状态信息并允许管理员在一个中央位置存储信息。SaltStack 也可以帮助管理员定义目标系统上的期望状态。这些状态在应用时会用到.sls 文件，其中包含了如何在系统上获得所需状态非常具体的要求。由于它提供了管理远程系统的灵活性，SaltStack-based 产品迅速获得利益。该功能可以对比由状态管理系统提供的功能，如 Puppet 和 Ansible。SaltStack 在很大程度上得益于快速的采用率，它包括一个在管理系统上运行远程命令的有效方式[1]。

SaltStack 采用 C/S 模式，server 端就是 salt 的 master，client 端就是 minion。minion 与 master 之间通过 ZeroMQ 消息队列通信。minion 上线后先与 master 端联系，把自己的 pub key 发过去，这时 master 端通过 salt-key -L 命令就会看到 minion 的 key，接收该 minion-key 后，也就是 master 与 minion 已经互信，master 可以发送任何指令让 minion 执行了。salt 有很多可执行模块，如 cmd 模块，在安装 minion 时已经自带了，它们通常位于用户的 python 库中。

master 下发任务匹配到 minion，minion 执行模块函数，并返回结果。master 监听 4505 和 4506 端口，4505 对应的是 ZMQ 的 PUB system，用来发送消息；4506 对应的是 REP system，用来接收消息。

具体步骤如下。

- ❑ SaltStack 的 master 与 minion 之间通过 ZeroMQ 进行消息传递，使用了 ZeroMQ 的发布-订阅模式，连接方式包括 tcp、ipc。
- ❑ salt 命令将 cmd.run ls 命令从 salt.client.LocalClient.cmd_cli 发布到 master，获取一个 jobid，根据 jobid 获取命令执行结果。
- ❑ master 接收到命令后，将要执行的命令发送给客户端 minion。
- ❑ minion 从消息总线上接收要处理的命令，交给 minion._handle_aes 处理。
- ❑ minion._handle_aes 发起一个本地线程调用 cmdmod 执行 ls 命令。线程执行完 ls 后，调用 minion._return_pub 方法，将执行结果通过消息总线返回给 master。
- ❑ master 接收到客户端返回的结果，调用 master._handle_aes 方法，将结果写到文件中。
- ❑ salt.client.LocalClient.cmd_cli 通过轮询获取 Job 执行结果，将结果输出到终端。

---

[1] 来源：https://baike.baidu.com/item/SaltStack/6284486?fr=ge_ala。

1.3.3 云时代下的 CMDB

从 CMDB 在国内发展的历程看，随着客户对 CMDB 认知的不断深化，CMDB 已经从传统的资产管理逐步演化到流程协同管理、事件及变更影响分析、云平台资源管理等方面。表 1-14 描述了 CMDB 不同阶段的发展变化。

表 1-14 不同阶段 CMDB 的发展

类　别	第 一 阶 段	第 二 阶 段	第 三 阶 段
模型	偏静态	动态，调整难度适中	动态，调整快速
数据初始化	Excel 导入	自动发现+Excel 导入	"自动发现+服务"的同时更新了配置库
配置更新	手工	自动+手工	实时更新
配置管理范围	设备	设备+软件	所有 IT 组件及相关的服务
场景	资产管理	配置自动发现、告警分析	配置管理服务化

资源动态变化是云环境下对配置管理最大的挑战，无论对于配置模型还是配置数据的更新都提出了全新要求。在云化时代，CMDB 需要从原有的单一工具转变为一种企业IT 服务能力，即 CMDB As A Service（以下为了便于叙述，使用云化 CMDB 代替），消费者可以通过网络随时随地获取、维护、管理 CMDB。

1.4 其他运维工具

1.4.1 Ambari

Ambari 跟 Hadoop 等开源软件一样，也是 Apache Software Foundation 中的一个项目。Ambari 是创建、管理、监视 Hadoop 的集群。

Ambari 自身也是一个分布式架构的软件，主要由两部分组成：Ambari Server 和Ambari Agent。简单来说，用户通过 Ambari Server 通知 Ambari Agent 安装对应的软件；Ambari Agent 会定时发送各个机器中每个软件模块的状态给 Ambari Server，最终这些状态信息会呈现在 Ambari 的 GUI 上，方便用户了解集群的各种状态，并进行相应的维护。图 1-6 是 Ambari 基本架构。

Ambari Server 会读取 Stack 和 Service 的配置文件。当用 Ambari 创建集群时，Ambari Server 传送 Stack 和 Service 的配置文件以及 Service 生命周期的控制脚本到 Ambari Agent。Ambari Agent 拿到配置文件后，会下载并安装公共源里的软件包（Redhat，就是使用 yum 服务）。安装完成后，Ambari Server 会通知 Ambari Agent 启动 Service。之后Ambari Server 会定期发送命令到 Ambari Agent 检查 Service 的状态，Ambari Agent 上报给 Ambari Server，并呈现在 Ambari 的 GUI 上。Ambari Server 支持 Rest API，这样可以很容易地扩展和定制化 Ambari。甚至于不用登录 Ambari 的 GUI，只需要在命令行通过curl 就可以控制 Ambari，以及 Hadoop 的 cluster。具体的 API 可以参见 Apache Ambari的官方网页 API reference。对于安全方面要求比较苛刻的环境来说，Ambari 可以支持Kerberos 认证的 Hadoop 集群。

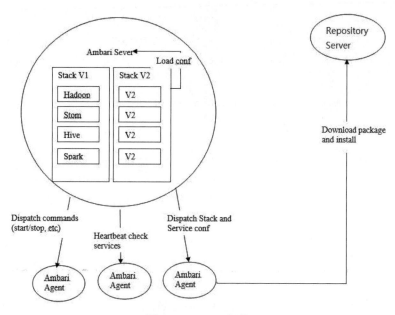

图 1-6　Ambari 架构

通过安装部署 Ambari，可以方便地监控以及管理大数据系统集群中的各个服务、模块和机器。

首先进入 Ambari 的 GUI 页面，并查看 Dashboard。在左侧的 Service 列表中，可以单击一个 Service。以 MapReduce2 为例（Hadoop 的版本为 2.6.x，也就是 YARN+HDFS+MapReduce），当单击 MapReduce2 后，就会看到该 Service 的相关信息，如图 1-7 所示。

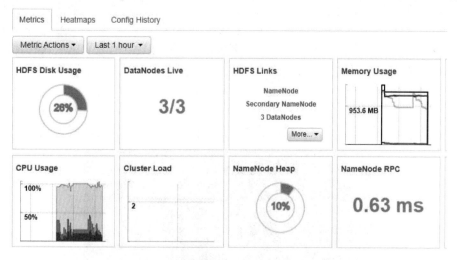

图 1-7　MapReduce2 的 Service 界面

中间部分是 Service 的模块（component）信息，也就是该 Service 有哪些模块及其数目。右上角有个 Service Actions 按钮，单击该按钮后就可以看到很多 Service 的控制命令。也就是通过这些 Service Action 命令，对 Service 进行管理。

下面介绍通过 Ambari 对机器级别进行管理。首先，回到 Ambari 的 Dashboard 页面。单击页面中的 Hosts 标签，就可以看到 Ambari 所管理的机器列表，如图 1-8 所示。

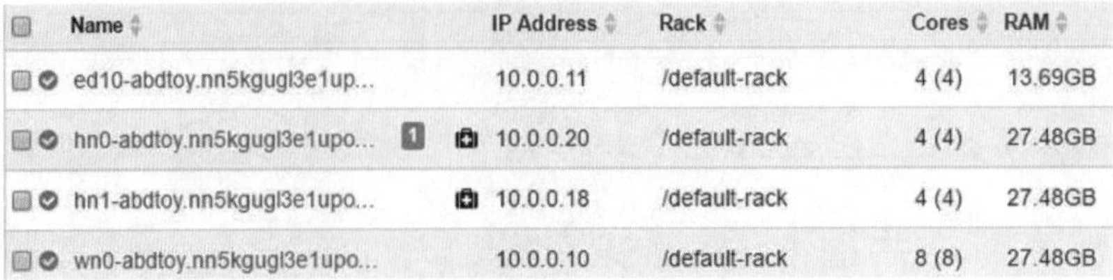

	Name ⇕			IP Address ⇕	Rack ⇕	Cores ⇕	RAM ⇕
☑ ⊘	ed10-abdtoy.nn5kgugl3e1up...			10.0.0.11	/default-rack	4 (4)	13.69GB
☑ ⊘	hn0-abdtoy.nn5kgugl3e1upo...	1	▣	10.0.0.20	/default-rack	4 (4)	27.48GB
☑ ⊘	hn1-abdtoy.nn5kgugl3e1upo...		▣	10.0.0.18	/default-rack	4 (4)	27.48GB
☑ ⊘	wn0-abdtoy.nn5kgugl3e1upo...			10.0.0.10	/default-rack	8 (8)	27.48GB

图 1-8　Ambari 管理的机器列表界面

图 1-8 中第二行的数字 1 是警告信息（Ambari Alert）。单击图 1-7 左上角的 Metric Actions，就可以看到 Host level Action 的选项，其实和 Service Level 是类似的，只是执行的范围不一样。当用户选择 All Hosts→Hosts→Start All Components 选项时，Ambari 就会启动所有 Service 的所有模块。

1.4.2　CLI 工具

命令行界面（command line interface，CLI）是提供人机交互的有效手段。在计算机诞生之初，并没有图形化界面（graphical user interface，GUI），人机交互只能依赖于命令输入，操控计算机需要较长时间的学习成本，只有专业人士才能参与。随着苹果公司和微软公司推出了图形化界面，人机交互的难度降低，普通的计算机用户不需要再去学习复杂的命令，通过单击鼠标也可以操控计算机。如今更是流行以触摸方式进行操控，直接在屏幕上用手指点击拖曳，连儿童都能快速掌握。

但是在运维管理方面，CLI 并不能被 GUI 替代，这主要是基于两方面考虑：可控性和效率。通过 GUI 完成的操作，虽然易于学习，但是在复制方面存在不确定性，当有一个操作需要在多个环境或者不同时间执行时，如部署或者查问题，如果是通过 CLI 输入命令来执行，可以完全保证一致性，但如果通过 GUI 来执行，出现不一致的可能性会增加。另外，当一项工作如部署环境，包含多条指令，需要在多台服务器上执行时，通过将命令集合成脚本，再将脚本分发到多台服务器上执行，可以较高效率地完成工作。

正是因为如此，不管是 OS 如 Linux 或 Windows、系统软件 Oracle，还是 WebLogic，或者是应用软件，一般都会提供 GUI 和 CLI 两种方式。GUI 用于直观地监控或者操作，CLI 用于批量命令执行或者严格规定操作步骤的执行。具体如图 1-9 所示。

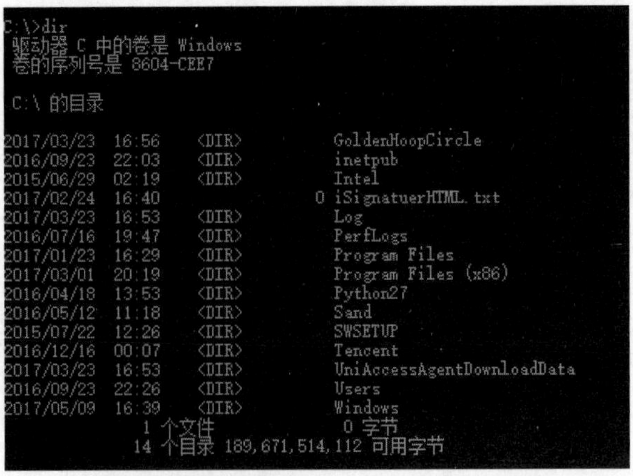

```
C:\>dir
 驱动器 C 中的卷是 Windows
 卷的序列号是 8604-CEE7

 C:\ 的目录

2017/03/23  16:56    <DIR>          GoldenHoopCircle
2016/09/23  22:03    <DIR>          inetpub
2015/06/29  02:19    <DIR>          Intel
2017/02/24  16:40                 0 iSignatuerHTML.txt
2017/03/23  16:53    <DIR>          Log
2016/07/16  19:47    <DIR>          PerfLogs
2017/01/23  16:29    <DIR>          Program Files
2017/03/01  20:19    <DIR>          Program Files (x86)
2016/04/18  13:53    <DIR>          Python27
2016/05/12  11:18    <DIR>          Sand
2015/07/22  12:26    <DIR>          SWSETUP
2016/12/16  00:07    <DIR>          Tencent
2017/03/23  16:53    <DIR>          UniAccessAgentDownloadData
2016/09/23  22:26    <DIR>          Users
2017/05/09  16:39    <DIR>          Windows
               1 个文件              0 字节
              14 个目录 189,671,514,112 可用字节
```

图 1-9　Windows 命令行界面

下面重点介绍一下 Linux 命令行界面相关的工具。大多数开源软件都在 Linux 上运行，可接收的命令也都与 Linux 命令相似。

操作人员首先可以通过 SecureCRT 或者 Putty 等连接软件连接到服务器，以 SecureCRT 为例，连接时指定连接协议、主机名、端口号、用户名或者密码，如图 1-10 所示。

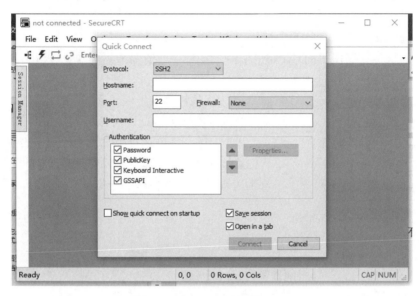

图 1-10　SecureCRT 连接 Linux

在 Linux 上，常用的排查故障的主要命令如表 1-15 所示。

表 1-15　命令行界面主要命令

命　　令	作　　用
diff	比较文件的差异
grep 或者 egrep	正则表达式过滤文件中的关键字
find	查找文件
sed	通过正则表达式修改文件内容
df，du	查看文件系统
free	查看内存
ps	查看进程
top	查看 CPU、内存、进程等整体性能情况
netstat	查看网络连接情况
telnet，ping，traceroute	跟踪网络连接情况

1.4.3　Ganglia

Ganglia 是 UC Berkeley 发起的一个开源监视项目，用于测量海量节点。每台计算机都运行一个收集和发送度量数据的名为 gmond 的守护进程。它将从操作系统和指定主机中收集。接收所有度量数据的主机可以显示这些数据并且可以将这些数据的精简表单传递到层次结构中。gmond 带来的系统负载非常少，这使它成为在集群中各台计算机上运行的一段代码，从而不会影响用户性能。

Ganglia 监控套件包括 3 个主要部分：gmond、gmetad 和网页接口（通常被称为 ganglia-Web）。

- □ gmond：是一个守护进程，运行在每一个需要监测的节点上，收集监测统计，如系统负载（load_one）、CPU 利用率。它同时也会发送用户通过添加 C/Python 模块来自定义的指标。

- □ gmetad：也是一个守护进程，它定期检查 gmond，从那里拉取数据，并将它们的指标存储在 RRD 存储引擎中。它可以查询多个集群并聚合指标，也被用于生成用户界面的 Web 前端。

- □ ganglia-Web：安装在有 gmetad 运行的机器上，以便读取 RRD 文件。集群是主机和度量数据的逻辑分组，如数据库服务器，网页服务器，生产、测试、QA 等，它们都是完全分开的，需要为每个集群运行单独的 gmond 实例。

一般来说，每个集群都需要一个接收的 gmond，每个网站需要一个 gmetad。

Ganglia 的详细介绍可见本书性能管理部分的内容。

1.4.4　Cloudera Manager

Cloudera Manager 是一个 Hadoop 集群的综合管理平台，对 Cloudera Distribution Hadoop（简称 CDH）的每个部件都提供了细粒度的可视化和控制。

Cloudera Manager 主要有以下功能。

- □ 自动化 Hadoop 安装过程可缩短部署时间。
- □ 提供实时的集群概况，例如节点、服务的运行状况。
- □ 提供了集中的中央控制台对集群的配置进行更改。
- □ 包含全面的报告和诊断工具，帮助优化性能和利用率。

Cloudera Manager 的架构如图 1-11 所示，主要由如下几部分组成。

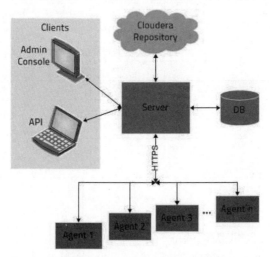

图 1-11　Cloudera Manager 架构图

- □ 服务端（/Server）：Cloudera Manager 的核心。主要用于管理 Web Server 和应用

逻辑。它用于安装软件，配置、开始和停止服务，以及管理服务运行的集群。

- ❑ 代理（/Agent）：安装在每台主机上。它负责启动和停止的进程，部署配置，触发安装和监控主机。
- ❑ 数据库（/Database）：存储配置和监控信息。通常可以在一个或多个数据库服务器上运行多个逻辑数据库。例如，所述的 Cloudera 管理器服务和监视后台程序使用不同的逻辑数据库。
- ❑ Cloudera Repository：Cloudera 软件仓库。其用于软件分发。
- ❑ 客户端（/Clients）：提供了一个与 Server 交互的接口。
  - ➤ 管理平台（/Admin Console）：提供一个管理员管理集群和 Cloudera Manager 的基于网页的交互界面。
  - ➤ API：为开发者提供了创造自定义 Cloudera Manager 程序的 API。

Cloudera Manager 提供了许多监控功能，用于监测群集（主机、服务守护进程）健康、组件性能以及集群中运行的作业的性能和资源需求。具体包括以下监控功能。

1. 服务监控

查看服务和角色实例级别健康检查的结果，并通过图表显示，有助于诊断问题。如果健康检查发现某个组件的状态需要特别关注甚至已经出现问题，系统会对管理员应该采取的行动提出建议。同时，系统管理员还可以查看服务或角色上操作的执行历史，也可以查看配置更改的审计日志。

2. 主机监控

监控群集内所有主机的有关信息，包括哪些主机上线或下线、主机上目前消耗的内存、主机上运行的角色实例分配、不同的机架上的主机分配等。汇总视图中显示了所有主机群集，并且可以进一步查看单个主机丰富的细节，包括显示主机关键指标的直观图表。

3. 行为监控

Cloudera Manager 提供了列表以及图表的方式来查看集群上进行的活动，不仅显示当前正在执行的任务行为，还可以通过仪表盘查看历史活动。同时提供了各个作业所使用资源的许多统计，系统管理员可以通过比较相似任务的不同性能数据，以及比较查看同一任务中不同执行的性能数据来诊断性能问题或行为问题。

4. 事件活动

监控界面可以查看事件，并使它们用于报警和搜索，使系统管理员可以深入了解发生在集群范围内所有相关事件的历史记录。系统管理员可以通过时间范围、服务、主机、关键字等字段信息过滤事件。

5. 报警

通过配置 Cloudera Manager 可以对指定的事件产生警报。系统通过管理员可以针对关键事件配置其报警阈值、启用或禁用报警等，并通过电子邮件或者通过 SNMP 的事件得到指定的警报通知。系统也可以暂时抑制报警事件，此限制可以基于个人角色、服务、主机，甚至整个集群配置，使进行系统维护/故障排除时不会产生过多的警报流量。

6．审计事件

Cloudera Manager 记录了有关服务、角色和主机的生命周期的事件，如创建角色或服务、修改角色或服务配置、退役主机和运行 Cloudera Manager 管理服务命令等。系统管理员可以通过管理员终端进行查看，界面提供了按时间范围、服务、主机、关键字等字段信息过滤审计事件条目。

7．可视化的时间序列数据图表

系统管理员搜索度量数据。系统将根据指定规则创建数据、组（方面）数据的图表，并把这些图表保存到用户自定义的仪表板。

8．日志

可结合上下文查看系统日志。例如，监控服务时，可以轻松地单击一个链接，查看相关的特定服务的日志条目。如查看关于用户的活动信息，可以方便地查看作业运行时所在主机上发生的相关日志条目。

9．报告

Cloudera Manager 可以将收集到的历史监控数据统计生成报表，如按目录查看集群作业活动的用户，按组或作业 ID 查看有关用户的磁盘利用率、用户组的历史信息等。这些报告可以根据选定的时间段（每小时、每天、每周等）汇总数据，并可以导出为 XLS 或 CSV 文件。同时系统管理员还可以管理搜索和配额等 HDFS 目录设置。

Cloudera Manager 提供多达 102 类监控指标，覆盖所有的服务及功能，包括集群硬件使用情况（网络、CPU、内存以及硬盘等）、服务状态等，同时指标按集群级别、主机级别、用户级别以及表/目录级别等分级统计，总指标项上万个，例如，集群指标超过 3000 个、HBase 系统级指标超过 1000 个、HDFS 系统级指标超过 300 个等，相关监控指标分别如表 1-16～表 1-18 所示。

表 1-16　HDFS 监控指标

监 控 项	监控项描述	单　位	级　别
CPU 占用率	CPU 平均占用率	%	系统级/节点级
内存占用率	内存平均占用率	%	系统级/节点级
系统空间	总空间	MB	系统级/节点级
已用空间	已用空间	MB	系统级/节点级
可用空间	剩余空间	MB	系统级/节点级
空间使用率	已用空间与系统空间的比值	%	系统级/节点级
读流量	统计周期内读流量统计	MB	系统级/节点级
写流量	统计周期内写流量统计	MB	系统级/节点级
读 IOPS	每秒进行读（I/O）操作的次数	个/s	系统级/节点级
写 IOPS	每秒进行写（I/O）操作的次数	个/s	系统级/节点级

表 1-17 MapReduce 监控指标

监 控 项	单 位	级 别
提交作业数	个	系统级
完成作业数	个	系统级
失败作业数	个	系统级
正在运行的作业数	个	系统级
Map 总任务数	个	系统级
Reduce 总任务数	个	系统级
Map 任务完成数	个	系统级
Reduce 任务完成数	个	系统级
正在执行的 Map 任务数	个	系统级
正在执行的 Reduce 任务数	个	系统级
平均 Map 任务执行时间	s	系统级
平均 Reduce 任务执行时间	s	系统级
最小 Map 任务执行时间	s	系统级
最小 Reduce 任务执行时间	s	系统级
最大 Map 任务执行时间	s	系统级
最大 Reduce 任务执行时间	s	系统级
Map 任务执行失败数	个	系统级
Reduce 任务执行失败数	个	系统级
Map 任务执行成功数	个	系统级
Reduce 任务执行成功数	个	系统级

表 1-18 HBase 监控指标

监 控 项	单 位	级 别
压缩合并队列长度	个	系统级
请求时延 10 ms 次数	次	系统级
请求时延 2000 ms 次数	次	系统级
请求时延 2000 ms 以上次数	次	系统级
读 I/O 次数	次	节点级
写 I/O 次数	次	节点级
I/O 次数	次	节点级

1.4.5 其他工具

在排查故障的过程中，以下工具也能提供帮助。

1. 文件传输

使用文件传输工具，如 scp 命令或 ftp 命令，FileZilla、WinSCP 软件等负责文件的上传和下载。

2. 网络抓包和分析

在排查网络问题时，抓包是最有效率的排查方式，Linux 上的 tcpdump 和 Windows

平台的 wireshark 是比较流行的抓包分析工具。

3．日志分析

日志是排查故障的最重要依据，日志一般情况下都是有一定格式的记录，如 Web 的访问日志一般格式是时间、源 IP、访问方法、URL、端口、状态码、大小、响应时间等。

利用日志分析工具可以方便地提取日志中的有效信息，对性能和故障点做深入分析。当日志量较多时，也可以借助日志分析平台，如 ELK 或者 SPLUNK 进行这项工作。有趣的是，ELK 和 SPLUNK 自身也是一种大数据处理系统。

4．批量执行命令

在定位到故障之后，需要尽快修复，如果故障涉及的服务器数量比较多，可以借助批量执行命令的工具 Ansible 完成此项工作。

5．Dump 分析

在进程故障退出之后，可能会生成 thread dump 或者 heap dump，dump 文件是比日志还要详细的数据，记载了程序运行时的各种信息，可以通过 dump 分析工具对 dump 文件进行进一步分析。

1.5 作业与练习

一、填空题

1．CMDB 的全称是＿＿＿＿＿＿＿＿＿＿＿＿＿＿＿＿＿＿＿。

2．＿＿＿＿＿＿＿＿＿是为了保证所有人员（包括项目成员、配置管理员和 CCB）都遵守配置管理规范，质量保证人员要定期审计配置管理工作。配置审计是一种＿＿＿＿＿＿＿＿＿＿＿活动，是质量保证人员的工作职责之一。

3．配置管理工作包括＿＿＿＿＿＿、＿＿＿＿＿＿、＿＿＿＿＿＿、＿＿＿＿＿＿。

二、问答题

1．CMDB 经历了几个发展阶段？
2．配置管理和资产管理有什么区别？
3．云时代的 CMDB 有什么特征？
4．请简要设计你所理解的配置管理模型。

参考文献

[1] 科技 D 人生. puppet 学习总结（1）：puppet 入门详解[EB/OL].（2022-04-2）[2023-08-23]. https://blog.csdn.net/u012562943/article/details/124359549.

第2章

基础运维管理

IT 系统管理就是优化 IT 部门的各类管理流程,保证能够按照一定的服务级别为业务部门或客户提供高质量、低成本的 IT 服务。尽管系统管理及运维主要涉及系统管理对象、内容、工具及流程制度等方面的内容,但大数据系统由于其固有的数据量大、机器规模大、分布式架构及并行计算等特点,相应地有别于传统运维。大数据系统的运维管理须通过自动化手段取代大量重复性、简单手工操作进行资源统一调配及管理,提升系统运维可靠性;通过提供弹性的灵活可配置的服务与计算,提升 IT 资源利用率;通过构建一套规范化的完善运维体系,体现出服务生命周期的管理要求。

2.1 系统建设

近年来,大数据的相关技术日渐成熟,在实际业务场景中的运用也逐渐深入,越来越受到科技界、企业界甚至世界各国政府的高度关注,"大数据时代"已然到来。与传统的数据处理和数据分析不同,大数据的特征具有 5 个 V,即 volume、velocity、variety、veracity、value,分别指数据量大、数据流速度快、数据类型多、数据真实性的存疑、数据价值。为了应对这些挑战,Google、Facebook、Microsoft 等一大批公司根据自身不同的业务需求,建设了各种不同的大数据系统框架。同时,依托新型大数据处理系统,大数据分析技术诸如深度学习、可视化机器计算、实时流处理等,也在飞速发展,开始在各个行业和领域得到广泛应用。一般来说,大数据系统应该具有以下 4 个特点。

- ❑ 弹性容量。大数据最显著的特征是体量大,增长快,这就要求大数据的存储系统具备容量大、易扩展的弹性容量。
- ❑ 高性能。大数据的另一大特征是高速,这就要求大数据系统能够快速吞吐数据,具有较高的响应速度。
- ❑ 集成化。由于大数据来源广泛,加上需要访问各种类型的数据,且数据的处理和分析方式各有不同，所以大数据系统要有集成化的数据接口。

❑ 自动化。大数据的处理流程、处理方式比较复杂，这使人为地维护大数据系统变得不太可能。因此，要求大数据系统进行自动化管理。

2.1.1 技术方案

一般来说，大数据系统都具有如图 2-1 所示的架构模式。

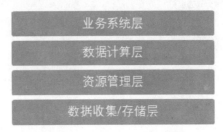

图 2-1 大数据系统架构

❑ 数据收集/存储层：主要包括两个部分，一是收集实时数据或已有的存储数据（包括非结构化的数据和结构化的数据），二是对这些数据进行存储，通常都是采用分布式文件系统，可供海量数据高吞吐访问（查询、检索等），同时具有良好的容错性。

❑ 资源管理层：为上层应用提供统一的资源管理和资源调度，以便提高资源利用率。具体来说，包括资源管理器和任务管理器两种，资源管理器管理跨应用程序的资源使用，任务管理器负责管理任务的执行。

❑ 数据计算层：是大数据系统的核心，决定了整个系统的性能。计算层通过资源管理层来获取计算所需的资源，进行并行计算。计算层的结构取决于编程模型，但一般都包括 map（映射）和 reduce（归约）两个部分，具体操作是：通过映射，分发针对大数据集的大规模操作，再进行并行计算；接着通过归约，周期性反馈每个节点的工作和最新状态。

❑ 业务系统层：主要是根据具体的业务逻辑对大数据计算分析出的结果进行展示，服务于具体的业务需求。

根据不同类型的源数据和不同行业自身的业务具体需求，大数据系统的具体技术方案也不同。目前，大数据系统主要的应用场景和典型的大数据系统技术方案有以下 3 种。

1. 静态数据的批量处理：Hadoop

静态数据存储在硬盘中，极少更新并且存储时间长，数据量非常大，涉及核心业务数据但价值密度较低。典型的应用场景有搜索引擎抓取的数据、电子商务交易数据、气象地理数据、医疗卫生数据等。这些数据的体量往往超过 PB（1024 TB）级别，需要利用大数据系统进行分析、整合，从中提取出有价值的信息。同时，静态数据的大批量处理需要的时间很长，占用的资源较多，比较适合进行流程相对成熟的数据分析和处理。

Hadoop 用于批量处理大规模的静态数据，由 Apache 基金会开发，是开源的分布式系统基础架构。系统运行效率得到大幅提高的原因就在于实现了大规模并行计算。Hadoop 主要由 HDFS、YARN、MapReduce 这 3 部分组成。数据收集/存储层存储静态数据，资源管理平台调度资源，数据计算层把计算逻辑分配到各个数据节点，进行数据计算。Hadoop 非常适合大型企业的大型计算，因此得到了广泛的推广，是最流行、最成熟的大数据框架。以 Hadoop 为基础建立了很多相关开源的项目，形成了良好的 Hadoop 生态圈，为 Hadoop 提供了大量有用的功能增强组件。

2．流式数据的实时处理：Storm

流式数据的本质是一个无穷的数据序列，由于来源众多且复杂，序列中的数据格式可以差异非常大。流式数据一般都具有时序性。典型的场景有 Web 数据采集、社交动态数据、智能交通数据、物联网传感器数据、银行流水数据、交易市场交易数据等。即便流式数据会根据不同场景体现不一样的细节特征，但大多数流式数据都具有共性：连续的数据流、复杂的来源、各异的数据格式、不统一的顺序、较低的数据价值密度。

对于流式数据的实时处理，Storm 是最典型的框架。Storm 是一个开源的实时数据处理框架，如图 2-2 所示，与 Hodoop 异曲同工。利用 Kafka 对流式数据进行收集，通过 YARN 进行资源调配，最后利用 Storm 将处理结果分发至不同类型的组件。Storm 集群大幅降低了并行批处理与实时处理的复杂程度，原理是：Spout 组件先处理输入流，再将数据传输给 Bolt 组件，Bolt 组件再以指定的方式处理。通过这个流程，可以把 Storm 集群卡看作 Bolt 组件组成的拓扑（topology）。一个 Storm 作业只需实现一个链，就可以满足绝大部分的流式作业需求。

图 2-2　Storm 架构

3．交互式数据：Spark

交互式数据是系统与管理员交互产生的数据，具体表现为：操作人员以对话的方式提出数据请求，系统自动提示数据信息，引导操作人员获得最后处理结果。典型的场景有数据钻取、基于 OLAP 的商务智能、互联网应用的人机交互数据等。交互式数据存储在系统中，能够被及时处理、修改，同时，处理结果可以被立刻使用。交互式数据处理方式的优点在于保证及时处理信息，从而确保交互方式的连贯性，然而在高频次的交互场景下，这种数据类型也变得更加多样，此时传统的数据库就无法响应实时性需求，需要 NoSQL 类型的数据库加以补充。

2.1.2　部署实施

针对不同的源数据和业务需求，需要部署不同的技术框架。而 Hadoop 是其中最受欢迎、最成熟、应用最广的大数据系统架构，其他的大数据架构很多都是基于 Hadoop 进行扩展和优化，因此本节主要介绍 Hadoop 架构的部署实施。

Hadoop 由 Apache 基金会开源发布并维护。原生的 Hadoop 架构存在版本管理混乱、兼容性差、安全性低、升级复杂、部署烦琐等问题，不太适合企业级应用。基于原生的 Hadoop 框架，很多公司推出了面向企业的 Hadoop 发行版，这些版本提高了稳定性，强化了部分功能，实现了定制化，适合企业大规模部署。目前主流的 Hadoop 发行商有 Cloudera 和 Hortonworks。

Cloudera 公司是最早将 Hadoop 商业化的公司，推出了 Hadoop 发行版 CDH（cloudera distribution hadoop），增强了 Hadoop 的核心与内部开发的插件技术，例如基于 Hadoop 的 ImpalaSQL 查询引擎，CDH 完全开源，同时 Cloudera 公司还提供 CDH 商业版，增强了部分功能并提供服务支持。

Hortonworks 是完全开源的 Apache Hadoop 的独家供应商。Hortonworks 推出了发行版 HDP（hortonworks data platform），HDP 基于 Apache HCatalog 的基础数据服务特性进行开发及应用。除了常规的 HDFS 和 MapReduce 组件，HDP 还包括了 Ambari，用来提供端到端的管理，值得一提的是，Ambari 的 Web 界面在部署操作集群方面操作性很高。

因此，本节之后的安装部署主要介绍 Hadoop 发行版 HDP。一般来说，安装部署 HDP 需要经过以下步骤。

（1）确定主机的系统环境、硬件条件满足 Hadoop 框架的要求（具体要求见附录 B）。

（2）对系统的环境进行配置。

❑ 安装和配置时间同步服务。

❑ 安装和配置 SSH 无密码访问。

❑ 配置 Linux 访问。

（3）下载安装 Ambari。

（4）配置 Ambari。

（5）在 Ambari 的 Web 界面中配置集群。

安装步骤和 shell 命令如下（系统环境基于 64 位 Linux Ubuntu 16.04 LTS）。

1. 安装和配置时间同步服务

网络时间协议（network time protocol，NTP）用来同步网络内每个服务器的时间。

（1）在每个主机中安装 NTP。

在 ubuntu 16.04 中，执行命令。

```
apt install ntp
```

在 RHEL/CentOS/Oracle 中，执行命令。

```
yum install -y ntp
```

（2）启动 NTP 服务。

在 ubuntu 中，执行命令。

```
/etc/init.d/ntp start
```

在 RHEL/CentOS/Oracle 6 中，执行命令。

```
service ntp start
```

在 RHEL/CentOS/Oracle 7 中，执行命令。

```
systemctl start ntpd
```

2. 安装和配置 SSH

Hadoop 是通过 SSH 通信的，需要安装 SSH。

（1）安装 openssh-server。

```
sudo apt install openssh-server
```

（2）在 server 上配置 SSH 无密码访问。

```
ssh-keygen -t rsa     # SSH 生成 RSA 专用密钥
```

直接按 Enter 键采用默认路径，设定空密码并确认，生成两个文件：id_rsa（私钥）和 id_rsa.pub（公钥）。执行以下命令查看。

```
cd ~/.ssh
ls
```

将 id_rsa.pub 追加到 authorized_keys 授权文件中。

```
cat id_rsa.pub >>authorized_keys
```

同时，将 id_rsa.pub 复制到其他目标主机的 root 账户下，路径如下。

```
.ssh/id_rsa.pub
```

确保 server 能连接到其他主机，执行如下命令。

```
ssh root@<remote.target.host>
```

根据不同的 SSH 版本，有可能需要修改.ssh 目录和 authorized_keys 的权限。

```
chmod 700 ~/.ssh
chmod 600 ~/.ssh/authorized_keys
```

3. 配置 Linux 访问

（1）开启 http 服务。

```
service httpd restart
```

（2）关闭防火墙。

```
service iptables stop
```

（3）关闭 SELinux。

注意：改配置文件需要重启计算机才能生效。

```
vi /etc/sysconfig/selinux
SELINUX=disabled
setenforce 0
```

4. 下载安装 Ambari

（1）以 root 用户登录。

依次执行以下命令。

```
wget  -O  /etc/apt/sources.list.d/ambari.list  http ： //public-repo-1.hortonworks.com/ambari/
ubuntu16/2.x/updates/2.5.0.3/ambari.list
apt-key adv --recv-keys --keyserver keyserver.ubuntu.com B9733A7A07513CAD
apt-get update
```

（2）检查安装包是否下载成功。

```
apt-cache showpkg ambari-server
apt-cache showpkg ambari-agent
apt-cache showpkg ambari-metrics-assembly
```

（3）安装 Ambari。

```
apt install ambari-server
```

默认安装 PostgreSQL Ambari Database。

5. 配置 Ambari

执行命令。

```
ambari-server setup
```

根据提示进行相关的配置。

- ❑ 提示"Customize user account for ambari-server daemon."，选择"n"，默认以 root 身份运行。
- ❑ 提示"Select a JDK version to download."，选择"1"，安装 Oracle JDK 1.8。
- ❑ 提示"Accept the Oracle JDK license."，选择"yes"。
- ❑ 提示"Enter advanced database configuration."，选择"n"，使用默认的 PostgreSQL 数据库（数据库名为 ambari，默认的用户名为 ambari，密码为 bigdata）。
- ❑ 提示"Proceed with configuring remote database connection properties."，选择"y"。

6. 在 Ambari 中配置集群

（1）开启服务。

执行命令。

```
ambari-server start
```

查看运行状态。

```
ambari-server status
```

（2）登录 Ambari。

在浏览器中输入地址。

```
http://<your.ambari.server>:8080
```

其中，<your.ambari.server>是安装 Ambari 的主机的 IP 地址。

在登录界面输入用户名和密码（默认 admin）。

（3）配置集群。

在欢迎页面选择 Launch Install Wizard，根据安装向导配置集群。

2.1.3　测试验收

测试验收是建设大数据系统的最后一步。交付测试放在开发阶段的单元测试、集成测试和系统测试之后，主要是为了确保系统稳定可靠，以保证正式交付运营。做好大数据系统的测试验收需要根据事先制订的测试计划和内容，进行全方位的测试。

1．功能测试

作为一个应用系统，实现既定功能是最基本的要求。功能测试基于实际的业务场景，设计一些大数据系统的测试用例，测试系统是否运转正常。功能测试需要考虑并全部覆盖系统所使用的 API 和功能。

2．性能测试

大数据系统的性能由任务完成时间、数据吞吐量、内存占用率等构成。这些指标从不同维度反映了大数据系统的处理能力、资源利用效率等性能。性能测试通常采用自动化的方式进行，通过性能监控工具监测系统运行状态和性能指标。除了常规测试，性能测试还应该在不同负载情况下测试系统性能，保证系统的正常负载。

3．可用性测试

高可用性是大数据系统的主要特性之一。因为基于大数据系统的数据应用业务要求系统长时间无故障地连贯运行，对连续性的要求非常高，需要手动测试。常见的可用性指标包括平均维修时间（MTTR）和平均无故障时间（MTTF）。

4．容错性测试

容错性是大数据系统另一个重要的特性。容错性测试主要检测系统在异常条件下，以不影响整体性能为前提（同时保证系统继续运行），能否从部分失效中自动恢复。容错性测试的方案视实际使用场景而定，且需要手动测试。

5．稳定性测试

大数据系统在长期运行的过程中，稳定性非常重要。稳定性测试的目的是保证系统长时间正常运行。推荐自动化测试工具，如 10Zone、POSTMAR，测试系统的负载和功能。

2.2 系统管理对象

大数据系统是一个复杂的、提供不同阶段的数据处理功能的系统。本章将大数据系统分为 4 个模块进行说明，包含系统软件、系统硬件、系统数据和 IT 供应商。

2.2.1 系统管理对象

大数据系统可以分为系统硬件基础层、系统软件实施层和系统数据应用层 3 个层级，如图 2-3 所示。

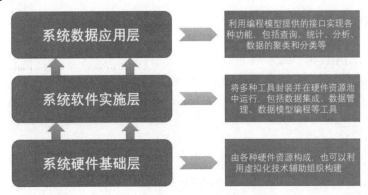

图 2-3 大数据系统架构体系

1. 系统硬件基础层

主要由各种硬件资源构成，也可以利用虚拟化技术，辅助组织系统的硬件基础设施。这些资源通过特定的服务级别协定方式供给，系统硬件的资源分配需要满足大数据需求，同时保证最大化系统利用率并以简单化的操作方式提高资源使用效率。

2. 系统软件实施层

系统软件实施层将多种工具封装后，在硬件资源池中一起运行。典型的工具有数据集成、数据管理和数据模型编程等。数据集成是指通过对数据进行预处理，将从各互相独立的数据源中获取到的不同数据以统一的形式集成在一起。数据管理是指提供数据的持久存储、高效管理、简化操作的机制和工具。数据模型编程是指对数据进行应用逻辑抽象，为数据分析应用提供便利。

3. 系统数据应用层

利用编程模型提供的接口实现各种功能，同时可以通过组合各种分析方法，定制化开发出不同领域的相关大数据系统应用。

2.2.2 系统软件

以关系型数据为主的传统数据管理和分析系统在处理结构化数据时，往往有着优异的性能表现和垂直式扩展的能力。通过增加硬件数量可以不断地拓展其扩展能力。然而在现如今大量异构性数据的场景下，其不足也同样明显，无法通过增加硬件的方式有效支持"大数据"的分析处理工作。为了应对这些挑战，分布式架构下的大数据分析系统成为我们的主要选择之一，其部署过程主要分为以下几个部分。

1．底层操作系统

这里推荐 Linux/UNIX 类的底层操作系统。为了确保大数据系统的稳定性，需要对磁盘实施 RAID，并且在挂载数据存储节点时按需配置。

2．分布式计算系统架构

面向大数据的分布式计算系统往往包含自底向上的多个层次：硬件基础层、软件实施层、数据应用层等。

1）硬件基础层

硬件基础层包含数据存储层和资源管理及分布式协调层。数据存储层负责将大规模数据（PB 级甚至更大）切割成数据块的形式并保存在分布式环境中。利用数据本地性实现其分布式并行处理的逻辑。数据存储层一般包括分布式数据库、分布式文件系统、跨数据中心的超级存储系统等。其中，分布式文件系统作为其他存储模块的基础，对外提供了数据冗余备份、分布式存储的自动负载均衡、失效节点检测等分布式存储所依赖的基础功能。

2）软件实施层

软件实施层负责实现大数据的分布式并行处理，主要有批处理、图处理、流处理等几种模式。MapReduce 是比较常见的批处理框架，它具有很强的可扩展性与容错性，但其缺少对数据处理的进一步抽象。

3）数据应用层

数据应用层结合具体的应用场景，利用底层的数据存储与处理框架实现特定的功能。比如其通过分布式搜索引擎实现对数据的快速检索，以及通过可视化工具实现对数据的可视化多维度展现以及报表的生成。比较常见的产品有 ElasticSearch 与 Tableau、Plotly 等。

分布式计算系统框架需要根据实际需求和业务场景进行构建规划。有效组合大数据体系下的各个组件并能高效完成指定的任务目标并不是一个简单的工作，其实施工作需要在综合考虑各自整体系统架构规划以及熟练掌握开元系统组件的前提下进行。

3．数据分析算法及工具

数据分析的两个主要阶段分别是数据预处理和数据建模分析。在数据预处理阶段，需要从多样化大规模的数据来源中提取需要的数据特征，而从其数据形式的特点分析，主要可以将其划分为 3 类：结构化数据、半结构化数据和非结构化数据。结构化数据是指可以用外部结构实现逻辑表达和实现的数据，主要样例有数字、符号、二维表结构数据等；半结构数据是指介于结构化数据（如关系型数据库、面向对象数据库中的数据）和非结构化数据（如声音、图像文件等）之间的数据，如 XML、HTML 文档就属于半结构化数据；非结构化数据是指数据结构不规则不完整，且没有预定义的数据模型，无法用外部逻辑表描述的数据，如图像、声音、影视、全文文本、超媒体等。

1）数据预处理

结构化数据可以较容易地转换成特征值；而半结构化或非结构化的数据则需要通过自然语言处理算法进行转化。为了让不同来源的数据统一具备较高的数据质量，还需要对数据进行清洗、去噪、归一化等操作。详细内容可阅读本书第 3 章 3.2 节。

2）数据建模分析

通过预处理环节生成特征向量集合之后，可以进行下一步的数据建模分析工作。其主要是对数据集采用特定的机器学习算法并基于一定业务目标进行建模的过程。根据数据分析的深度，可以将数据建模分析分为以下 3 个层次。

- 描述性分析：基于历史数据描述发生内容。例如，利用回归技术从数据集中发现简单的趋势，可视化技术可以更有意义地表示数据，数据建模则以更有效的方式收集、存储和删减数据。描述性分析通常应用于商业智能和可见性系统。
- 预测性分析：用于预测未来的概率和趋势。例如，预测性模型使用线性和对数回归等统计技术发现数据趋势，预测未来的输出结果，并使用数据挖掘技术提取数据模式并给出预见。
- 规则性分析：用于决策制定和提高分析效率。例如，仿真用于分析复杂系统以了解系统行为并发现问题，而优化技术则在给定约束条件下给出最优解决方案。

2.2.3　系统硬件

大数据应用平台时常需要接入各行业的重要数据，可以通过系统对接、网络采集两种方式接入数据。大数据系统的硬件基础主要包括服务器环境、存储环境、备份环境、网络环境。

1. 服务器环境

- 数据采集服务器：承担数据接收和数据抽取功能的服务器，能够集中化处理需要分析的数据，可部署在分步式大数据系统中。
- 数据清洗转换服务器：承担数据清洗转换服务。
- 分步式存储服务器：针对大规模数据进行数据的分片化存储，保证数据的可用性和可靠性。
- 并行分析服务器：承担并行分析数据的职责，分析并挖掘海量数据。
- 数据管理服务器：用于部署大数据管理系统和大数据的数据库，以解决高并发在线数据服务问题。
- 数据运营服务器：对下游系统提供分析后的价值数据输出。

2. 存储环境

数据存储主要包含结构化数据存储、半结构化数据存储、非结构化数据存储这三大类数据的存储，可以随着持续运营数据量的递增逐步由 TB 级存储磁盘过渡到 PB 级存储设备。

3．备份环境

选择适配自身架构需求的合理备份方式及适当备份存储空间。较为推荐的方式是使用第三方数据服务结构所提供的异地备份服务。

4．网络环境

如果相关数据信息经由互联网采集，则必须选择满足互联网基本采集要求的且适配其大数据系统的网络类型。

2.2.4　系统数据

1．原始系统数据

原始系统数据是指从真实对象获取的原始的数据。不准确的数据将影响后续数据处理并导致得到无效结果。原始数据的收集方法的选择不仅取决于数据源的物理性质，还要考虑数据分析的目标。目前，Web 网络、日志文件和传感器是 3 种最常用的数据收集方式。原始数据是指从真实对象获取的原始的数据。需要自上而下地根据数据分析的目标、数据源的物理性质决定原始数据的收集方式，不准确的数据将会影响后续数据处理过程甚至导致目标结果的无效。目前数据收集的方式越来越多样化，但 Web 网络资源、日志文件和传感器仍然是 3 种最常用的收集方式。收集原始数据后，必须将其传输到数据存储设备，等待数据中心的进一步处理。数据传输过程可分为传输 IP 骨干和传输数据中心两个方式。

2．预处理后数据

数据分析的挑战主要包含数据多样性、数据冗余、数据干扰诱因和相干因素等。从需求场景出发，某些数据分析工具对数据的质量有着严格的要求。因此需要使用数据预处理技术提高数据质量，数据预处理技术主要分为 3 种，分别是数据集成、数据清洗和删除冗余数据。

3．存储数据

大数据系统中的数据存储系统以相应的格式保存所需的信息，直至所存储的数据被进行分析和创造价值。在此前提下，数据存储系统应具备以下两个特点：存储设施应能够可靠并永久地保存信息；存储系统应对外提供访问数据的 API 接口及文档，以方便数据被用户进行查询和分析。从功能上讲，存储数据系统可分为基础设施硬件、数据管理软件。

4．备份数据

根据大数据系统的主备存储之间同步需求的不同，备份可分为 3 种情况，分别为冷态备份、暖态备份和热态备份。

2.2.5　IT 供应商

在大数据行业中，有许多垂直合并的大型供应商，如 IBM、SAP、Oracle、Dell、

Hewlett-Packard 和 Amazon 等。它们所提供的服务可以涉及多个类别，虽然如此，有些公司在大数据行业的某个特定方面更加专业化。

1．数据提供商

有些公司出售纯净的、没有杂质的数据，因此可以更方便地执行大量数据分析。商业大数据项目通常需要内部、外部和第三方数据。对于外部获取的数据，经常使用特定数据源厂商，例如，提供用户信息统计的信用卡代理公司 Experian、出售与法律和商业纠纷有关数据的公司 LexisNexis 等。

2．架构和平台提供商

此类服务大多数都基于最流行的开源和大数据技术，如 Hadoop、Park 和 NoSQL 数据库、MongoDB、Assandra 等是可以自行提供安装和服务的提供商。该领域的公司通常提供定制的 Hadoop 安装服务，以及特定的分析需求或存储解决方案。

3．大数据咨询公司

虽然许多基础结构提供商也提供咨询服务，可以帮助创建和管理数据分析，并充分利用数据，但是专业的咨询公司往往可以提供更好的服务。这些咨询公司和上一类公司之间的一个重要区别是，专业咨询公司不会倾向于使用自己的架构产品。咨询公司会从不同的开源架构中选择适当的模块，并为客户进行合适的定制。

4．分析运营商

分析运营商可大致分为两类：通用分析运营商和专业分析运营商。运营商编写代码，进行数据处理和分析。无论数据是通过内部数据采集还是通过相关企业购买而来，都要使用分析技术从数据中提取出有用的信息。除了通用分析运营商，还有一些公司服务于专业的市场，如 Palantir 公司专注于反恐和欺诈分析。

5．可视化供应商

可视化是将对大型数据分析出的信息转化为最后的可视界面，这是非常重要却又经常被忽视的一个步骤。有许多专业的可视化供应商，如 Tableau、Datawatch、SAS、Qlik 等。

▲2.3　系统管理内容

系统管理是 IT 服务的核心工作之一，负责 IT 部门内部的系统日常运营与操作。系统管理主要有 8 项内容：事件管理（incident management）、问题管理（problem management）、配置管理（configuration management）、变更管理（change management）、发布管理（release management）、知识管理（knowledge management）、日志管理（log management）、备份管理（backup management）。值得一提的是，以 ITIL 理念为导向的 IT 服务正在为企业创造巨大的价值。

2.3.1　事件管理

1．事件

事件是指可被组件识别的动作，事件分为系统事件和用户事件，系统本身生成的事件称为系统事件，用户操作所生成的事件称为用户事件。

2．事件管理的含义

事件管理指及时处理中断的 IT 服务并快速恢复 IT 服务能力，是 IT 服务管理中的重要流程之一，而系统管理服务质量的重要指标则是时间处理的时效性。用户报告以及监控系统的自动转发都是事件的主要来源。

3．事件管理流程的目标

事件管理流程的目标是降低 IT 故障对企业业务的影响，达到提升业务稳定性的作用。根据事件的优先级、影响度进行综合分类排序，通过多渠道及时响应服务请求，快速有序地解决事件内容，在紧急事件场景中升级事件处理流程，为客户提供实时的处理状态信息，从而减少事件中业务中断所造成的影响。在必要场景下，可以优先对监控过程进行管理和技术升级，以确保处理过程中的关键信息能被正确记录，为后续事件处理提供实例样本，并为流程的持续优化提供准确的数据信息。当然最后也要按照规范完成事件信息及处理过程的记录与留档。

事件管理的其他功能还包括查看服务台及后台技术资源使用情况，受理用户的投诉与建议，对用户的投诉与建议进行处理与反馈，从而提高用户满意度。

2.3.2　问题管理

1．问题

问题是指多次发生的事件、重大事件、主动问题管理发现的问题、超过服务等级协议（SLA）中规定时限的事件、可用性事件、未查到根本原因的事件。

2．问题管理的含义

问题管理是以帮助企业提高工作效率为目的，通过标准化的方法管理已发生的 IT 技术问题。问题管理流程中的主要环节分别为：问题的识别和提交、调查和诊断、实施解决以及回溯关闭。问题管理的持续进行可以协助企业优化运维管理的过程，从而预防并尽早发现问题，以期在扩大化前完成问题回溯与解决。

3．问题管理流程的目标

问题管理流程作为一个旨在提高效率的管理流程，其目的首先是要排查、过滤出问题的根本原因，设计并实施解决方案，提高系统稳定性。问题管理流程包括：建立发现及审查机制、查明根本原因、规范及优化问题处理流程、制订解决方案；尽可能杜绝问题的反复性，永久性地解决问题；扩充知识库的内容，并及时共享给全体运维人员以提高运维人员的整体技术水平；通过对问题的趋势分析进行主动性问题管理，提高服务的可用性和可靠性；建立主动机制排查潜在问题，把问题的发生率降到最低，知识库资源共享，以避免相同问题的反复出现，提高资源的使用率，保证服务级别的实现。

2.3.3 配置管理

1. 配置

配置是指系统的配置信息，包括物理设备的硬件信息、逻辑信息等。具体的配置项的选择根据不同系统和不同业务需求而定。

2. 配置管理的含义

配置管理是对 IT 资源进行管理的重要步骤之一，也是大数据运维的重要依据。配置管理是 IT 管理的关键，也是事件管理、问题管理等流程审查原因所在，具体数据来自配置管理数据库。配置管理数据库中的资源是为大数据运维配备全面信息的基础，也是更好地提高企业 IT 服务的质量途径。

3. 配置管理流程的目标

配置管理录入并管理 IT 基础设施的配置信息，是 IT 服务准确的信息来源。

由配置流程经理组织制定或修订配置管理相关定义及策略，包括配置管理的范围、结构规划、审核策略等，并接受部门负责人的审阅确认。部门负责人对配置流程经理提出的配置管理策略新增/修订内容进行审批，审批通过则进入下一步骤，否则退回上一步骤重新修订。

配置流程需要定期回顾并整理配置管理流程，并且完善配置信息，编写配置管理报告。

2.3.4 变更管理

1. 变更

变更是指对系统进行修改，使其发生变动，包括更改错误代码等行为。

2. 变更管理的含义

变更管理的目的是有效地审批和控制 IT 设施变更，及时降低业务故障率，保证业务尽快、正常、有序地运行，从而减少故障对用户的影响，以提升服务质量。

3. 变更管理流程的目标

变更管理在于规范和控制变更流程：在保证管控的前提下，发起、评估、批准、实施、回顾变更，运用正确的方法处理变更，在可控范围内压缩变更产生的负面效应，且保证在规定范围之内实施变更管理流程。

确保完整记录所有变更及对应措施，确保跟踪变更直到实施完成，通过对变更进行风险评估，保证变更能够更好地满足业务的需求。

❑ 变更管理可以减少风险：通过控制和管理变更从而减少由于新导入变更对于生

产环境所带来的风险和负面影响。

❑ 变更管理可以降低成本：高效的变更管理会及时处理并解决生产环境里发生的问题，提升运维的质量，从而降低维护成本。

❑ 变更管理可以增强服务灵活性：结构化的变更实施帮助 IT 组织更快、更有效地适应业务需求的改变。变更管理亦能够帮助提高服务质量，预先评估也能为计划外的服务中断提供事前准备，以此提升服务效率。

2.3.5　发布管理

1．发布

发布是指软件开发后，进行软件发布的试验、部署和验证阶段，主要包括系统新版本发布、新功能上线等。

2．发布管理的含义

发布管理是变更流程的其中一种，主要为了在尽可能不影响系统正常服务运行的情况下对 IT 环境实施可控的变更。发布管理的主要步骤有：发布前的规划准备、申请及审批发布、同步灾备系统、试点运行、评估发布流程。

3．发布管理流程的目标

发布管理流程的目的是通过规范的操作流程，确保系统在生产环境中能够平稳地执行变更操作，并降低一切风险，保障业务正常运行。发布管理的流程包括：明确参与发布管理的人员职责、系统发布过程和具体实施步骤，确保系统发布后能持续安全运行。在发布前，需要统一上线内容、范围、变更管理等，并做好上线资源维护的规划，确保有历史记录可供查询。

2.3.6　知识管理

1．知识

知识是可以指导 IT 运维人员进行思考、做出行为和交流的正确和真实的洞察、经验和过程的总集合。

2．知识管理的含义

知识管理是 IT 运维人员获取各种来源的知识，结合存量技术，实现知识的生产、分享、使用和创新的过程。

3．知识管理流程的目标

知识管理流程的目标在于通过对知识库的有效管理，协助企业和个人创造价值。具体通过收集、梳理、归纳、撰写等手段对本系统运维知识进行整理，形成文档、视频，并选取正确、科学的维度录入知识库，形成系列课件指导新人通过知识库进行学习。

2.3.7 日志管理

1. 日志

日志是由计算机、设备、软件等记录系统用户的操作及运行状态等，按照功能区分为诊断日志与统计日志。

诊断日志包括外部服务调用和返回、资源消耗操作、容错行为、后台操作、配置操作等。统计日志包括用户访问统计、存储占用情况、数据变化趋势等。

2. 日志管理的含义

日志管理的质量直接影响故障处理时问题定位的时效。另外，日志还能记录事件信息，如性能信息、故障检测等。通过观察和分析日志内容，可以预估系统健康状态，摸底可能存在的风险情况。

3. 日志管理流程的目标

每种日志需求都存在特定的日志记录格式和内容，如何把不同需求的日志进行分类归档以方便问题的排查和处理已经成为日志管理的重点。

此外，日志管理的最终目标是分析日志，可以通过日志分析系统自动解析标准格式日志内容，提取日志的核心数据点，让用户能够更快速高效地获取日志描述的内容，节省运维人员的工作时间和精力，提高系统处理问题的效率。

2.3.8 备份管理

1. 备份

备份的目的是防止因意外或人为失误导致数据丢失或损坏，具体方式是把部分重要或所有数据通过数据备份手段存放到长期可靠的存储介质中。备份数据的设备包括备份服务器、备份软件（按照预先设定的程序将数据备份到存储介质上）、数据服务器、备份介质。数据备份的主流方式有数据库备份、远程镜像备份、网络数据备份、光盘库备份等。

2. 备份管理的含义

备份管理会从备份系统中找到对应的备份副本，在遭遇数据传输、数据存储或数据交换过程中的故障时，迅速恢复受影响系统中的数据，以最大程度地减轻乃至消除系统故障所引发的数据损失和业务中断影响。从信息安全的角度出发，备份管理是保护数据的一道有效措施，也是避免人为恶意破坏数据的一个后置保障。

3. 备份管理流程的目标

备份管理流程的根本目的就是快速、正确、全面地恢复数据。除此之外，备份本身也可以达到归档留底历史数据的效果。

▲ 2.4　系统管理工具

　　系统管理工具是指用于管理企事业单位信息技术系统的工具。系统管理包括收集要求，购买设备和软件，分发、配置、改善、更新、维护设备和软件。系统管理工具可细分为资产管理、监控管理、流程管理、外包管理。

2.4.1　资产管理

1. 资产管理的含义

　　资产管理是指对系统的资产进行管理，提高资产利用率。对大数据系统而言，资产主要包括硬件资产、软件资产、云资产3种。其中，硬件资产包括服务器、存储设备、网络设备等；软件资产包括系统软件、服务许可证等；云资产包括云服务器、云数据库等。

2. 资产管理工具

　　资产管理工具主要对资产采购、使用、维护、报废的整个周期进行有效的管理和保护。使用资产管理工具主要为了帮助企业管控、降低成本，提高资产利用率，同时帮助企业提高风险意识，做好防范工作，提升系统的安全性。

　　主流的资产管理工具有 CMDBuild 和 MAXIMO。CMDBuild 是一款开源的、基于 Web 的 IT 资产信息和服务管理系统。该项目诞生于 2005 年，长期的目标是为配置资产管理应用程序提供一个完整的集成环境，主要功能包括数据库建模、仪表盘、域管理、视图管理、互操作和连接器、文档管理、条形码、二维码、关系图、用户分析、数据管理模块等。

　　MAXIMO 由 IBM 公司开发，主要涵盖了资产、服务、合同、物资与采购管理。MAXIMO 允许客户开发程序，以开展预防性或日常的维护。通过 MAXIMO 这一集中化的管理平台，可以帮助用户实现资产的部署、规范、监控、校准和成本核算等工作，减轻了用户的负担，提高了工作效率。

2.4.2　监控管理

1. 监控管理的含义

　　监控管理通过把管理和技术结合，监视基础设施和 IT 基础结构，即时发现并通知故障与异常。此外，监控数据的收集与整理是实现事件管理、问题管理等的基础，以便实现大数据高可用性的终极目标。

2. 监控管理工具

　　监控管理工具需要结合人工判断，综合监控大数据系统的应用情况，针对故障发起事件和问题，并保证系统正常运行。目前，主流的监控管理工具有 Zabbix 和 Tivoli。Zabbix 是开源软件，以 Web 界面为基础，主要有分布式系统监视和网络监视等功能。作为一款开源的监控产品，Zabbix 拥有其他商业监控产品的绝大多数基本功能：对服务器、交换机、数据库、中间件、进程、日志等对象进行标准化的监控，并且 Zabbix 还具有多样化的报警方式、报表定制和展示、自动发现网络中的新入网设备等功能。Zabbix 的一大优点是其服务器提供通用接口，用以开发、完善已有监控；另一大优点是实现复杂多条件的警告。

Tivoli 由 IBM 公司开发，它的主要服务对象是大中型企业的系统管理平台。和 Zabbix 类似，Tivoli 有自己的软件，对操作系统、数据库、应用等进行监控，再把存储的监控数据以报表的形式表示出来。Tivoli 事件管理中心记录了报警日志，方便运维人员查看和分析。

2.4.3 流程管理

1. 流程管理的含义

流程管理以规范化的业务流程为中心，旨在通过管控 IT 服务流程提高绩效。流程管理具体包括流程分析、流程定义与重定义、资源分配、时间安排、流程质量与效率测评、流程优化等，如图 2-4 所示。

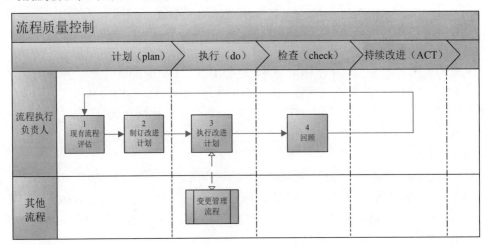

图 2-4 流程管理

2. 流程管理工具

流程管理工具主要以标准化方式管理和监控流程，运维人员可借此进行实时派单返单、超时提醒、监督管控、业绩考核等。主流的流程管理工具有 OTRS 和 SeviceDesk Plus。

OTRS 是一款开源的 IT 服务和工单管理软件。OTRS 的优点在于它可以把通过各类渠道提交的服务请求（request）按照不同的服务级别进行归类，放在不同的队列里，服务人员再根据 OTRS 不同队列跟踪或回复请求。相比传统的流程管理工具，OTRS 在查询、处理、跟踪请求等场景下具有更高的效率。

SeviceDesk Plus 由 ManageEngine 公司推出，面世迄今，已经得到广泛的应用。该软件功能多样，包括事件管理、变更管理、采购管理、合同管理等，并支持报表。使用的流程主要包括服务台指派用户请求、工程师处理工单和工程师关闭工单。此外，ServiceDesk Plus 还支持用户查询历史记录。

2.4.4　外包管理

1. 外包管理的含义

外包管理是指企业针对外包人员统一进行管理，要求外包人员遵守相关规定，加强人员出勤及业绩考核，等等。

2. 外包管理工具

外包管理能有效约束外包人员的工作行为，同时加强企业运维的管控，提升运维人员各司其职、协调配合的能力。外包管理工具内容相对简单，主要包括考勤管理等，一般都是与现有系统的人力资源管理模块相结合。

2.5　系统管理制度规范

2.5.1　系统管理标准

当前，在 IT 服务领域内，ISO 20000 标准应用最为广泛，国家间认可度高。ISO 20000 标准始于 1995 年，几经修改，现已成为业界广泛接受的 IT 服务标准。ISO 20000 标准已经构建起全方位的 IT 服务管理体系模型，实现从服务建立、实施、运作、监测、评估、维护到持续改进的一系列流程管理。通过以一种标准化的模式管理各种 IT 服务，为企事业单位起到降低 IT 运营成本、管控 IT 风险、提升 IT 服务质量的功效，以满足客户和业务对 IT 服务的需求。

IT 系统管理主要包括 4 个方面。

（1）职责管理，管理对象主要包括职责、文件要求与能力、意识和培训三大主要模式。

（2）IT 服务管理的计划与实施，主要包括依照质量管理的 P-D-C-A 循环，其中 P 代表 plan，D 代表 do，C 代表 check，A 代表 action，这 4 个关键模块构成了"计划—执行—检查—纠正"的循环链，保证 IT 服务管理的持续改进。

（3）变更或新增 IT 服务目录的计划与实施。

（4）服务管理流程，为 IT 服务提供四大过程管理，分别是关系过程、解决过程、控制过程和发布过程。

大数据系统管理主要关注的是质量管理，从系统的规划、实施、监控、验收等阶段进行质量管控，保证系统服务的质量。同时，在这一过程中，保持与系统最终用户的持续沟通，确保业务需求得到满足。

2.5.2　系统管理制度

系统管理制度需要根据大数据系统的具体情况，基于 ISO 20000 标准进行细则的制定。一般来说，包括业务、系统、安全、内控 4 个方面，涉及规划、实施、运营、评价 4 个阶段，具体如表 2-1 所示。

表 2-1 系统管理制度

	规 划	实 施	运 营	评 价
业务	制定 IT 服务战略；管理系统投资成本/预算；符合内外部标准政策	需求管理；优先级排序	服务水平管理；能力管理；业务连续性管理	系统投资回报率；系统运维绩效
系统	确定系统体系结构；确定技术方向；管理项目组合	IT 项目内部治理；IT 项目外部治理	事件、问题管理；发布、变更管理；配置库管理；运营监控管理	系统实施评级；设定改进目标；制订改进措施
安全	确定企业系统安全策略；制定企业系统安全标准；制定系统安全管理范围	定义系统安全控制目标；系统安全风险评估；制订安全风险措施	系统安全运营维护；系统安全风险控制	系统安全风险评价；安全改进措施评价
内控	系统内部控制规划；系统审计规划	系统实施控制；系统实施审计	内部控制和持续改进	服务水平评估与监控；评估内控措施有效性

2.5.3 系统管理规范

ITIL 为高品质 IT 服务的交付和支持提供了一套客观、严谨、可量化的综合流程规范，是服务管理的最佳实践指南及最佳规范。

在 20 世纪 80 年代末期，英国国家计算机和电信总局首次研发出 ITIL，堪称创举。随着技术的不断迭代更新，历经 3 代之后，ITIL 已经走过近 40 个年头。现如今，ITIL 已经逐渐在英国各行各业乃至全球范围内得到广泛的应用。经历 3 个版本的迭代后，目前的 V3 版 ITIL 除了保存上一版的 IT 服务能力模块，还引入了 IT 服务生命周期的概念，其中创新性地界定了五大进程，即 IT 服务生命周期的战略、设计、转化、运营及持续改进。ITIL V3 侧重于持续评估并改进 IT 服务交付，通过服务支持和服务提供这两大核心服务流程模块完成 IT 部分与其他部分的衔接，确保 IT 服务管理更好地支持企业业务正常运行。大数据系统管理中应用 ITIL 规范能帮助企事业单位及时应对财务、销售、市场等业务的改变，协调各个业务部门，从而降低成本、缩短周期、提高服务质量、提高客户满意度。

▲ 2.6 日常巡检

在运维工作中需要运维人员高度关注系统的软硬件健康状态，越早获知系统健康状态的变化，越早进行处置，就越能够有效保障运行的安全。通常是通过自动化的监控获知系统软硬件状态信息，但是监控的覆盖面毕竟是有限的，一方面受制于自动化监控的建设程度，不能完全覆盖监控项；另一方面过于程式化的自动化监控方式缺乏机动变通能力。这时需要引入巡检的机制，人工对系统的软硬件状态进行检查。

2.6.1 检查内容分类

检查内容主要有两类：一类主要与环境及设备巡检相关；另一类主要与应用系统相关。

1. 环境和设备检查

环境和设备的检查主要涉及对机房环境和机房内运行设备的检查。由于运维人员无法实时获取机房内环境的实际情况，因此以通常巡检的形式安排人员对机房内的温度、湿度、清洁情况和设备警告提示灯状态等信息进行实地检查。

2. 应用系统检查

应用系统的巡检主要是对应用系统服务运行状态所进行的检查。这类检查通常通过验证应用系统是否可以登录、检查批处理任务的完成情况、检查特定关键字的输出、确认接口交互的状态等方式进行。应用也可以通过提供对应的健康检查服务，协助运维完成对应服务的自检。

2.6.2　巡检方法分类

从检查的方法来看，日常巡检工作可以分成巡检、点检、厂商巡检等。

1. 巡检

巡检需要定期以巡视方式完成，一般应用于环境设备的检查，执行上主要是安排巡检人员在时间段内以特定的频次进行巡视，重点关注核心生产设备硬件上的特定告警提示和环境的异常情况。虽然现有技术体系下，可以通过动力环境系统与自动化监控系统，分别实时监控机房环境和硬件告警情况。但是硬件探针不可能做到无死角的部署，而采集数据也存在失真的情况，所以适度的巡检还是必要的。巡检的内容主要包括以下方面。

- 巡检机房内的整洁情况，避免纸箱等杂物堆放。
- 巡检机房温度、空调状态等环境参数。
- 巡检机房内的存储、服务器等硬件设备，检查设备状态指示灯等。
- 巡检机房特定的电子设备，查看面板液晶屏状态。

2. 点检

点检是在特定时间内完成特定的检查项目，这类针对性很强、时效性很强的检查主要用于应用系统。例如在系统业务开始前，检查系统的服务端口是否正常。其实是一种较为简单且有效的检查手段。点检内容主要包括下列类型。

- 在业务使用流量来临前登录业务系统界面，检查登录是否成功，检查基本参数设置是否正确。
- 定期打开门户网站，检查响应速度是否正常，检查行情信息是否正常更新。
- 定期登录邮件系统，检查是否有需要处理的邮件。
- 登录监控系统，查看监控系统界面展现的告警信息。
- 在指定时间检查核心交易服务器的对时情况。
- 检查批处理作业的运行情况。

3. 厂商巡检

日常的点检、巡检工作能够发现大多数常见问题，但是实际运行场景中存在更为复杂的问题，如性能的逐步下降、运行中出现的某些轻微的提示、容量的逐步吃紧等。这类中间件和底层硬件问题如果长期不予关注，也许会引起一连串的严重故障。针对中间件、硬件的这类问题，引入处理经验更加丰富的厂商人员进行厂商巡检，就一段时间的运行情况进行分析会更加有效。这类巡检主要包括下列内容。

- ❑ 厂商对数据库产品的运行情况进行巡检，如 Oracle、DB2。
- ❑ 厂商对 Web 中间件产品的运行情况进行巡检，如 WebLogic、MQ 等。
- ❑ 厂商对硬件设备的运行情况进行巡检，如存储、磁带库、服务器、交换机、防火墙等。

2.6.3 巡检流程

1．巡检规划

提前对巡检进行规划准备，然后按既定计划逐步执行。在巡检的规划过程中，需要包含以下几个方面。

- ❑ 巡检的时间及频率：明确巡检的时间计划，避免遗漏。
- ❑ 巡检的人员安排：由于巡检是计划内的工作，人员安排务必有保障。
- ❑ 巡检内容：巡检内容通常是明确的。尤其对于非厂商巡检，通常会明确到具体巡检过程中的操作命令，这能有效控制操作风险；即使厂商巡检，也有对巡检内容的规划，明确巡检的范围。

2．巡检实施

巡检实施是按计划进行的，所以在实施过程中要对操作风险进行严格控制，制定详尽的操作规范：一方面确保巡检的按步执行，另一方面也要避免巡检可能引起的其他风险。

- ❑ 建立操作复核机制：巡检操作需要有复核，避免误操作的发生。
- ❑ 限制部分有风险的巡检的操作：避免在巡检过程中采用某些可能导致系统软硬件异常的命令，经常会通过限制巡检用户的权限进行管控。
- ❑ 引入操作审计机制：通过录屏工具、堡垒机、监控录像等方式记录巡检操作过程，确保操作可审计。
- ❑ 准确记录巡检情况，便于后续的处理工作。

3．巡检记录处理

对巡检过程中发现的问题，需要及时进行分析和处理。首先是协调关联人员处理响应，然后是通过运维流程实例化整个处理过程与过程反馈，在必要时也可以转入问题处理流程进一步处置。

△2.7 日志管理

每种日志都存在特定的日志记录格式和内容，如何把不同需求的日志进行分类归档以方便问题排查和处理已经成为日志管理的重点。本章将着重介绍 CentOS 操作系统中日志的查看与监控。

2.7.1 平台及组件相关命令

为了便于理解，我们需要简单构建一个基本的 CentOS 环境，这里对构建的硬件环境、网络环境做一个简单的描述，如表 2-2 所示。

表 2-2 硬件，IP 地址配置

主 机 名	IP 地 址	资 源 配 置
hadoop100(master)	192.168.0.100	CPU：2 核 内存：4 GB 硬盘：40 GB

（1）查看平台机器状态（uname -a）。

```
[root@hadoop100 ~]# uname -a
Linux hadoop100 3.10.0-862.el7.x86_64 #1 SMP Fri Apr 20 16:44:24 UTC 2018 x86_64
x86_64 x86_64 GNU/Linux
```

显示 Linux 节点名称为 master，发行版本号为 3.10.0-862.el7.x86_64。

（2）查看硬盘信息（fdisk -l）。

```
[root@hadoop100 ~]# fdisk -l

磁盘 /dev/sda：53.7 GB，53687091200 字节，104857600 个扇区
Units = 扇区 of 1 * 512 = 512 bytes
扇区大小(逻辑/物理)：512 字节 / 512 字节
I/O 大小(最小/最佳)：512 字节 / 512 字节
磁盘标签类型：dos
磁盘标识符：0x000a2adb

设备 Boot      Start        End          Blocks       Id   System
/dev/sda1  *   2048         2099199      1048576      83   Linux
/dev/sda2      2099200      104857599    51379200     8e   Linux LVM

磁盘 /dev/mapper/centos-root：48.4 GB，48444211200 字节，94617600 个扇区
Units = 扇区 of 1 * 512 = 512 bytes
扇区大小(逻辑/物理)：512 字节 / 512 字节
I/O 大小(最小/最佳)：512 字节 / 512 字节

磁盘 /dev/mapper/centos-swap：4160 MB，4160749568 字节，8126464 个扇区
Units = 扇区 of 1 * 512 = 512 bytes
扇区大小(逻辑/物理)：512 字节 / 512 字节
I/O 大小(最小/最佳)：512 字节 / 512 字节
```

（3）查看所有交换分区（swapon -s）。

```
[root@hadoop100 ~]# swapon -s
```

文件名	类型	大小	已用	权限
/dev/dm-1	partition	4063228	0	-1

查看文件系统占比(df -h)

```
[root@hadoop100 ~]# df -h
```

文件系统	容量	已用	可用	已用%	挂载点
/dev/mapper/centos-root	46GB	6.8GB	39GB	15%	/
devtmpfs	2.0GB	0	2.0GB	0%	/dev
tmpfs	2.0GB	0	2.0GB	0%	/dev/shm
tmpfs	2.0GB	13MB	2.0GB	1%	/run
tmpfs	2.0GB	0	2.0GB	0%	/sys/fs/cgroup
/dev/sda1	1014MB	157MB	858MB	16%	/boot
tmpfs	394MB	4.0KB	394MB	1%	/run/user/42
tmpfs	394MB	28KB	394MB	1%	/run/user/0
/dev/sr0	4.2GB	4.2GB	0	100%	
/run/media/root/CentOS 7 x86_64					

（4）查看网络 IP 地址（ifconfig）。

```
[root@hadoop100 ~]# ifconfig
ens33: flags=4163<UP,BROADCAST,RUNNING,MULTICAST>    mtu 1500
        inet 192.168.1.100   netmask 255.255.255.0   broadcast 192.168.1.255
        inet6 fe80::b7da:64d5:d866:b0c   prefixlen 64   scopeid 0x20<link>
        ether 00:0c:29:ac:43:db   txqueuelen 1000   (Ethernet)
        RX packets 3126   bytes 4137524 (3.9 MiB)
        RX errors 0   dropped 0   overruns 0   frame 0
        TX packets 1805   bytes 123128 (120.2 KiB)
        TX errors 0   dropped 0 overruns 0   carrier 0   collisions 0

lo: flags=73<UP,LOOPBACK,RUNNING>    mtu 65536
        inet 127.0.0.1   netmask 255.0.0.0
        inet6 ::1   prefixlen 128   scopeid 0x10<host>
        loop   txqueuelen 1000   (Local Loopback)
        RX packets 32   bytes 2592 (2.5 KiB)
        RX errors 0   dropped 0   overruns 0   frame 0
        TX packets 32   bytes 2592 (2.5 KiB)
        TX errors 0   dropped 0 overruns 0   carrier 0   collisions 0

virbr0: flags=4099<UP,BROADCAST,MULTICAST>    mtu 1500
        inet 192.168.122.1   netmask 255.255.255.0   broadcast 192.168.122.255
        ether 52:54:00:28:10:fb   txqueuelen 1000   (Ethernet)
        RX packets 0   bytes 0 (0.0 B)
        RX errors 0   dropped 0   overruns 0   frame 0
        TX packets 0   bytes 0 (0.0 B)
        TX errors 0   dropped 0 overruns 0   carrier 0   collisions 0
```

上述网络配置标识解释如下。

Inet：机器对应 ip。

Netmask：子网掩码。

Broadcast：网络中的地址。

RX packets：接收数据包。

TX packets：发送数据包。

（5）查看所有监听端口（netstat -lntp）。

```
[root@hadoop100 ~]# netstat -lntp
Active Internet connections (only servers)
#网络协议 接收队列缓冲信息 发送队列缓冲信息 本地地址 外部地址 状态 实例 id/实例名
Proto Recv-Q Send-Q Local Address      Foreign Address    State      PID/Program name
tcp      0      0 0.0.0.0:111          0.0.0.0:*          LISTEN      732/rpcbind
tcp      0      0 192.168.122.1:53     0.0.0.0:*          LISTEN      1442/dnsmasq
tcp      0      0 0.0.0.0:22           0.0.0.0:*          LISTEN      1077/sshd
tcp      0      0 127.0.0.1:631        0.0.0.0:*          LISTEN      1072/cupsd
tcp      0      0 127.0.0.1:25         0.0.0.0:*          LISTEN      1263/master
tcp6     0      0 :::111               :::*              LISTEN      732/rpcbind
tcp6     0      0 :::22                :::*              LISTEN      1077/sshd
tcp6     0      0 ::1:631              :::*              LISTEN      1072/cupsd
tcp6     0      0 ::1:25               :::*              LISTEN      1263/master
```

（6）查看所有已经建立的连接（netstat -antp）。

```
[root@hadoop100 ~]# netstat -antp
Active Internet connections (servers and established)
#网络协议 接收队列缓冲信息 发送队列缓冲信息 本地地址 外部地址 状态 实例 id/实例名
Proto Recv-Q Send-Q Local Address      Foreign Address    State          PID/Program name
tcp      0      0 0.0.0.0:111          0.0.0.0:*          LISTEN          732/rpcbind
tcp      0      0 192.168.122.1:53     0.0.0.0:*          LISTEN          1442/dnsmasq
tcp      0      0 0.0.0.0:22           0.0.0.0:*          LISTEN          1077/sshd
tcp      0      0 127.0.0.1:631        0.0.0.0:*          LISTEN          1072/cupsd
tcp      0      0 127.0.0.1:25         0.0.0.0:*          LISTEN          1263/master
tcp      0      0 192.168.1.100:22     192.168.1.1:58146   ESTABLISHED    2860/sshd: root@pts
tcp      0      0 192.168.1.100:42734  133.24.248.17:443   ESTABLISHED 2901/python
tcp      1      0 192.168.1.100:39368  39.155.141.16:80    CLOSE_WAIT    2901/python
tcp     32      0 192.168.1.100:37632  38.145.60.21:443    CLOSE_WAIT    2901/python
tcp      1      0 192.168.1.100:50460  85.236.43.108:80    CLOSE_WAIT    2901/python
tcp6     0      0 :::111               :::*               LISTEN          732/rpcbind
tcp6     0      0 :::22                :::*               LISTEN          1077/sshd
tcp6     0      0 ::1:631              :::*               LISTEN          1072/cupsd
tcp6     0      0 ::1:25               :::*               LISTEN          1263/master
```

（7）查看实时进程状态（top）。

```
[root@hadoop100 ~]# top
top - 15:00:28 up 24 min,  2 users,  load average: 0.00, 0.02, 0.05
Tasks: 224 total,   1 running, 223 sleeping,   0 stopped,   0 zombie
```

```
%Cpu(s):  0.1 us,  0.1 sy,  0.1 ni, 99.7 id,  0.1 wa,  0.0 hi,  0.0 si,  0.0 st
KiB Mem :  4028440 total,  2218492 free,  1001160 used,    808788 buff/cache
KiB Swap:  4063228 total,  4063228 free,        0 used.  2720548 avail Mem
```

#实例 id 用户 优先级 nice 值 进程虚拟内存 常驻内存 共享内存 CPU 占比 内存占比 进程持续时间及命令名

PID	USER	PR	NI	VIRT	RES	SHR	S	%CPU	%MEM	TIME+	COMMAND
1074	root	20	0	218504	7112	3728	S	0.3	0.2	0:00.20	rsyslogd
1650	root	20	0	410720	5792	4596	S	0.3	0.1	0:01.76	packagekitd
2901	root	30	10	1175568	266916	10788	S	0.3	6.6	0:07.90	yumBackend.py
1	root	20	0	193680	6860	4116	S	0.0	0.2	0:02.67	systemd
2	root	20	0	0	0	0	S	0.0	0.0	0:00.01	kthreadd
3	root	20	0	0	0	0	S	0.0	0.0	0:00.02	ksoftirqd/0
5	root	0	-20	0	0	0	S	0.0	0.0	0:00.00	kworker/0:0H
7	root	rt	0	0	0	0	S	0.0	0.0	0:00.03	migration/0
8	root	20	0	0	0	0	S	0.0	0.0	0:00.00	rcu_bh
9	root	20	0	0	0	0	S	0.0	0.0	0:00.17	rcu_sched
10	root	0	-20	0	0	0	S	0.0	0.0	0:00.00	lru-add-drain
11	root	rt	0	0	0	0	S	0.0	0.0	0:00.00	watchdog/0
12	root	rt	0	0	0	0	S	0.0	0.0	0:00.00	watchdog/1
13	root	rt	0	0	0	0	S	0.0	0.0	0:00.02	migration/1
14	root	20	0	0	0	0	S	0.0	0.0	0:00.09	ksoftirqd/1
15	root	20	0	0	0	0	S	0.0	0.0	0:00.01	kworker/1:0
16	root	0	-20	0	0	0	S	0.0	0.0	0:00.00	kworker/1:0H
17	root	rt	0	0	0	0	S	0.0	0.0	0:00.00	watchdog/2
18	root	rt	0	0	0	0	S	0.0	0.0	0:00.01	migration/2
19	root	20	0	0	0	0	S	0.0	0.0	0:00.00	ksoftirqd/2
21	root	0	-20	0	0	0	S	0.0	0.0	0:00.00	kworker/2:0H
22	root	rt	0	0	0	0	S	0.0	0.0	0:00.00	watchdog/3
23	root	rt	0	0	0	0	S	0.0	0.0	0:00.01	migration/3

（8）查看 CPU 信息（cat /proc/cpuinfo）。

```
[root@hadoop100 ~]# cat /proc/cpuinfo
processor : 0
vendor_id : GenuineIntel
cpu family : 6
model   : 158
model name : Intel(R) Core(TM) i9-9880H CPU @ 2.30GHz
stepping : 13
microcode : 0xde
cpu MHz   : 2304.000
cache size : 16384 KB
physical id : 0
siblings : 1
core id   : 0
cpu cores : 1
apicid   : 0
```

initial apicid : 0

fpu　: yes

fpu_exception : yes

cpuid level : 22

wp　: yes

flags　: fpu vme de pse tsc msr pae mce cx8 apic sep mtrr pge mca cmov pat pse36 clflush mmx fxsr sse sse2 ss syscall nx pdpe1gb rdtscp lm constant_tsc arch_perfmon nopl xtopology tsc_reliable nonstop_tsc eagerfpu pni pclmulqdq ssse3 fma cx16 pcid sse4_1 sse4_2 x2apic movbe popcnt tsc_deadline_timer aes xsave avx f16c rdrand hypervisor lahf_lm abm 3dnowprefetch fsgsbase tsc_adjust bmi1 avx2 smep bmi2 invpcid rdseed adx smap clflushopt xsaveopt xsavec xgetbv1 ibpb ibrs stibp arat spec_ctrl intel_stibp arch_capabilities

bogomips : 4608.00

clflush size : 64

cache_alignment : 64

address sizes : 45 bits physical, 48 bits virtual

power management:

processor : 1

vendor_id : GenuineIntel

cpu family : 6

model　: 158

model name : Intel(R) Core(TM) i9-9880H CPU @ 2.30GHz

stepping : 13

microcode : 0xde

cpu MHz　: 2304.000

cache size : 16384 KB

physical id : 2

siblings : 1

core id　: 0

cpu cores : 1

apicid　: 2

initial apicid : 2

fpu　: yes

fpu_exception : yes

cpuid level : 22

wp　: yes

flags　: fpu vme de pse tsc msr pae mce cx8 apic sep mtrr pge mca cmov pat pse36 clflush mmx fxsr sse sse2 ss syscall nx pdpe1gb rdtscp lm constant_tsc arch_perfmon nopl xtopology tsc_reliable nonstop_tsc eagerfpu pni pclmulqdq ssse3 fma cx16 pcid sse4_1 sse4_2 x2apic movbe popcnt tsc_deadline_timer aes xsave avx f16c rdrand hypervisor lahf_lm abm 3dnowprefetch fsgsbase tsc_adjust bmi1 avx2 smep bmi2 invpcid rdseed adx smap clflushopt xsaveopt xsavec xgetbv1 ibpb ibrs stibp arat spec_ctrl intel_stibp arch_capabilities

bogomips : 4608.00

clflush size : 64

cache_alignment : 64

address sizes : 45 bits physical, 48 bits virtual

power management:

```
processor : 2
vendor_id : GenuineIntel
cpu family : 6
model    : 158
model name : Intel(R) Core(TM) i9-9880H CPU @ 2.30GHz
stepping : 13
microcode : 0xde
cpu MHz   : 2304.000
cache size : 16384 KB
physical id : 4
siblings : 1
core id   : 0
cpu cores : 1
apicid   : 4
initial apicid : 4
fpu   : yes
fpu_exception : yes
cpuid level : 22
wp   : yes
flags   : fpu vme de pse tsc msr pae mce cx8 apic sep mtrr pge mca cmov pat pse36 clflush
mmx fxsr sse sse2 ss syscall nx pdpe1gb rdtscp lm constant_tsc arch_perfmon nopl xtopology
tsc_reliable nonstop_tsc eagerfpu pni pclmulqdq ssse3 fma cx16 pcid sse4_1 sse4_2 x2apic
movbe popcnt tsc_deadline_timer aes xsave avx f16c rdrand hypervisor lahf_lm abm
3dnowprefetch fsgsbase tsc_adjust bmi1 avx2 smep bmi2 invpcid rdseed adx smap clflushopt
xsaveopt xsavec xgetbv1 ibpb ibrs stibp arat spec_ctrl intel_stibp arch_capabilities
bogomips : 4608.00
clflush size : 64
cache_alignment : 64
address sizes : 45 bits physical, 48 bits virtual
power management:

processor : 3
vendor_id : GenuineIntel
cpu family : 6
model    : 158
model name : Intel(R) Core(TM) i9-9880H CPU @ 2.30GHz
stepping : 13
microcode : 0xde
cpu MHz   : 2304.000
cache size : 16384 KB
physical id : 6
siblings : 1
core id   : 0
cpu cores : 1
apicid   : 6
initial apicid : 6
```

```
fpu   : yes
fpu_exception : yes
cpuid level : 22
wp    : yes
flags    : fpu vme de pse tsc msr pae mce cx8 apic sep mtrr pge mca cmov pat pse36 clflush
mmx fxsr sse sse2 ss syscall nx pdpe1gb rdtscp lm constant_tsc arch_perfmon nopl xtopology
tsc_reliable nonstop_tsc eagerfpu pni pclmulqdq ssse3 fma cx16 pcid sse4_1 sse4_2 x2apic
movbe popcnt tsc_deadline_timer aes xsave avx f16c rdrand hypervisor lahf_lm abm
3dnowprefetch fsgsbase tsc_adjust bmi1 avx2 smep bmi2 invpcid rdseed adx smap clflushopt
xsaveopt xsavec xgetbv1 ibpb ibrs stibp arat spec_ctrl intel_stibp arch_capabilities
bogomips : 4608.00
clflush size : 64
cache_alignment : 64
address sizes : 45 bits physical, 48 bits virtual
power management:
```

上述输出项含义如下。

processor：系统中逻辑处理核的编号。对于单核处理器，可认为是其 CPU 编号；对于多核处理器则可以是物理核，或者是使用超线程技术虚拟的逻辑核。

vendor_id：CPU 制造商。

cpu family：CPU 产品系列代号。

model：CPU 属于其系列中哪一代的代号。

model name：CPU 所属的名字及其编号、标称主频。

stepping：CPU 属于制作更新版本。

cpu MHz：CPU 的实际使用主频。

cache size：CPU 二级缓存大小。

physical id：单个 CPU 的标号。

siblings：单个 CPU 逻辑物理核数。

core id：当前物理核在其所处 CPU 中的编号。这个编号不一定连续。

cpu cores：该逻辑核所处 CPU 的物理核数。

apicid：用来区分不同逻辑核的编号。系统中每个逻辑核的此编号必然不同。此编号不一定连续。

fpu：是否具有浮点运算单元（floating point unit）。

fpu_exception：是否支持浮点计算异常。

cpuid level：执行 cpuid 指令前，eax 寄存器中的值。根据不同的值 cpuid 指令会返回不同的内容。

wp：表明当前 CPU 是否在内核态支持对用户空间的写保护（write protection）。

flags：当前 CPU 支持的功能。

bogomips：在系统内核启动时粗略测算的 CPU 速度（million instructions per second）。

clflush size：每次刷新缓存的大小单位。

cache_alignment：缓存地址对齐单位。

address sizes：可访问地址空间位数。

查看内存信息（cat /proc/meminfo）。

```
[root@hadoop100 ~]# cat /proc/meminfo
MemTotal:        29584 KB    //物理内存
MemFree:           968 KB    //剩余物理内存
Buffers:            28 KB    //用来给文件做缓冲的大小
Cached:           4644 KB    //被高速缓冲存储器（cache memory）使用的内存的大小（等于
diskcache minus SwapCache）
SwapCached:          0 KB    //缓存的大小，Android 很少使用 swap，其经常为 0。被高速缓
冲存储器（cache memory）用来交换内存空间的大小，用来在需要的时候很快被替换而不需要
再次打开 I/O 端口
Active:          14860 KB    //活跃使用中的缓冲或高速缓冲存储器页面文件的大小，除非非
常必要，否则不会被移作他用
Inactive:         1908 KB    //不经常使用的缓冲或高速缓冲存储器页面文件的大小，可能被
用于其他途径
HighTotal:           0 KB
HighFree:            0 KB    //该区域不直接映射到内核空间。内核必须使用不同的手法使用
该段内存
LowTotal:        29584 KB
LowFree:           968 KB
SwapTotal:           0 KB    //交换空间的总大小
SwapFree:            0 KB    //未被使用交换空间的大小
Dirty:               0 KB    //等待被写回到磁盘的内存大小
Writeback:           0 KB    //正在被写回到磁盘的内存大小
Mapped:          12840 KB    //设备和文件等映射的大小
Slab:             2052 KB    //内核数据结构缓存的大小，可以减少申请和释放内存带来的消耗
CommitLimit:     29584 KB    //当前系统可以申请的总内存
Committed_AS:    13148 KB    //当前已经申请的内存，记住是申请
PageTables:        108 KB    //管理内存分页的索引表的大小
VmallocTotal:   483328 KB    //虚拟内存大小
VmallocUsed:       552 KB    //已经被使用的虚拟内存大小
VmallocChunk:   482776 KB
```

2.7.2 日志和告警监控

1．主机日志查看

Linux 系统拥有非常灵活和强大的日志功能，可以保存几乎所有的操作记录，并可以从中检索出我们需要的信息。

大部分 Linux 发行版默认的日志守护进程为 syslog，位于/etc/syslog 或/etc/syslogd，或/etc/rsyslog.d，默认配置文件为/etc/syslog.conf 或 rsyslog.conf，任何希望生成日志的程序都可以向 syslog 发送信息。Linux 系统内核和许多程序会产生各种错误信息、警告信息和其他的提示信息，这些信息对管理员了解系统的运行状态是非常有用的，所以应该把它们写到日志文件中。

完成这个过程的程序就是 syslog。syslog 可以根据日志的类别和优先级将日志保存到不同的文件中。

例如，为了方便查阅，可以把内核信息与其他信息分开，单独保存到一个独立的日志文件中。默认配置下，日志文件通常都保存在/var/log 目录下。

2．日志类型

下面是常见的日志类型，但并不是所有的 Linux 发行版都包含这些类型，如表 2-3所示。

表 2-3　主机日志类型

类　型	说　明
auth	用户认证时产生的日志，如 login 命令、su 命令
authpriv	与 auth 类似，但是只能被特定用户查看
console	针对系统控制台的消息
cron	系统定期执行计划任务时产生的日志
daemon	某些守护进程产生的日志
ftp	FTP 服务
kern	系统内核消息
local0.local7	由自定义程序使用
lpr	与打印机活动有关
mail	邮件日志
news	网络新闻传输协议（NNTP）产生的消息
ntp	网络时间协议（NTP）产生的消息
user	用户进程
uucp	UUCP 子系统

3．日志优先级

常见的日志优先级如表 2-4 所示。

表 2-4　主机日志优先级

优　先　级	说　明
emerg	紧急情况，系统不可用（例如系统崩溃），一般会通知所有用户
alert	需要立即修复，例如系统数据库损坏
crit	危险情况，例如硬盘错误，可能会阻碍程序的部分功能
err	一般错误消息
warning	警告
notice	不是错误，但是可能需要处理
info	通用性消息，一般用来提供有用信息
debug	调试程序产生的信息
none	没有优先级，不记录任何日志消息

4．命令行查看日志

使用用户身份登录系统，切换/var/log 目录，查看日志相关文件。

```
[ac@hadoop100 log]$ cd /var/log/
[ac@hadoop100 log]$ ll
总用量 4532
drwxr-xr-x. 2 root    root         204 1月    18 23:07 anaconda
drwx------. 2 root    root          23 1月    18 23:08 audit
-rw-------. 1 root    root       29608 1月    27 15:39 boot.log
-rw-------. 1 root    root      151505 1月    26 15:35 boot.log-20210126
-rw-------. 1 root    utmp        4992 1月    26 16:06 btmp
drwxr-xr-x. 2 chrony chrony        6 4月    13 2018 chrony
-rw-------. 1 root    root       10931 1月    27 15:40 cron
drwxr-xr-x. 2 lp      sys           57 1月    18 23:09 cups
-rw-r--r--. 1 root    root      125371 1月    27 15:39 dmesg
-rw-r--r--. 1 root    root      125475 1月    27 13:45 dmesg.old
-rw-r--r--. 1 root    root           0 1月    18 23:08 firewalld
drwx--x--x. 2 root    gdm          202 1月    27 15:39 gdm
drwxr-xr-x. 2 root    root          6 4月    13 2018 glusterfs
-rw-r--r--. 1 root    root         193 1月    18 23:01 grubby_prune_debug
-rw-r--r--. 1 root    root      292292 1月    27 15:40 lastlog
drwx------. 3 root    root          18 1月    18 23:02 libvirt
-rw-------. 1 root    root        2376 1月    27 15:39 maillog
-rw-------. 1 root    root     3430098 1月    27 15:40 messages
drwxr-xr-x. 2 ntp     ntp           6 6月    23 2020 ntpstats
drwxr-xr-x. 3 root    root          18 1月    18 23:02 pluto
drwx------. 2 root    root          6 6月    10 2014 ppp
drwxr-xr-x. 2 root    root          6 8月     4 2017 qemu-ga
drwxr-xr-x. 2 root    root          6 1月    18 23:07 rhsm
drwxr-xr-x. 2 root    root          79 1月    27 13:45 sa
drwx------. 3 root    root          17 1月    18 23:01 samba
-rw-------. 1 root    root       70338 1月    27 15:40 secure
drwx------. 2 root    root          6 6月    10 2014 speech-dispatcher
-rw-------. 1 root    root           0 1月    18 23:03 spooler
drwxr-x---. 2 sssd    sssd          6 4月    13 2018 sssd
-rw-------. 1 root    root           0 1月    18 23:01 tallylog
drwxr-xr-x. 2 root    root          23 1月    18 23:09 tuned
-rw-r--r--. 1 root    root       18505 1月    27 15:39 vmware-vgauthsvc.log.0
-rw-r--r--. 1 root    root       45612 1月    27 15:39 vmware-vmsvc.log
-rw-r--r--. 1 root    root       19019 1月    26 16:07 vmware-vmusr.log
-rw-r--r--. 1 root    root         480 1月    27 15:39 wpa_supplicant.log
-rw-rw-r--. 1 root    utmp       42624 1月    27 15:40 wtmp
-rw-r--r--. 1 root    root       44211 1月    27 15:39 Xorg.0.log
-rw-r--r--. 1 root    root       46481 1月    27 14:09 Xorg.0.log.old
-rw-r--r--. 1 root    root       21419 1月    18 23:09 Xorg.9.log
-rw-------. 1 root    root        2340 1月    19 00:14 yum.log
```

查看内核及公共消息日志（tail -200f /var/log/message）；按照日志级别过滤对应的日志信息，只查看 ERROR 的日志（tail -200f /var/log/message |' ERROR')；切换 root 用户并用 tail 命令查看文件详细内容。

```
[root@hadoop100 log]# su ac
[ac@hadoop100 log]$ su root
```

```
密码：××××××
[root@hadoop100 log]# tail -200f /var/log/messages
Jan 27 15:39:11 hadoop100 dbus[751]: [system] Activating via systemd: service
name='org.freedesktop.GeoClue2' unit='geoclue.service'
Jan 27 15:39:11 hadoop100 systemd: Starting Location Lookup Service...
Jan 27 15:39:11 hadoop100 dbus[751]: [system] Activating via systemd: service
name='fi.w1.wpa_supplicant1' unit='wpa_supplicant.service'
Jan 27 15:39:11 hadoop100 systemd: Starting WPA Supplicant daemon...
Jan 27 15:39:11 hadoop100 dbus[751]: [system] Successfully activated service
'fi.w1.wpa_supplicant1'
Jan 27 15:39:11 hadoop100 systemd: Started WPA Supplicant daemon.
Jan 27 15:39:11 hadoop100 dbus[751]: [system] Activating via systemd: service
name='org.freedesktop.PackageKit' unit='packagekit.service'
Jan 27 15:39:11 hadoop100 dbus[751]: [system] Successfully activated service
'org.freedesktop.GeoClue2'
Jan 27 15:39:11 hadoop100 systemd: Starting PackageKit Daemon...
Jan 27 15:39:11 hadoop100 systemd: Started Location Lookup Service.
Jan 27 15:39:11 hadoop100 spice-vdagent[1650]: Cannot access vdagent virtio channel
/dev/virtio-ports/com.redhat.spice.0
Jan 27 15:39:11 hadoop100 dbus[751]: [system] Successfully activated service
'org.freedesktop.PackageKit'
Jan 27 15:39:11 hadoop100 systemd: Started PackageKit Daemon.
```

5．查看计划任务日志

cron 文件记录 crontab 计划任务的建设，执行信息。

```
[root@hadoop100 log]# tail -200f cron
Jan 18 23:09:01 hadoop100 crond[1238]: (CRON) INFO (RANDOM_DELAY will be scaled with
factor 8% if used.)
Jan 18 23:09:01 hadoop100 crond[1238]: (CRON) INFO (running with inotify support)
Jan 18 23:10:01 hadoop100 CROND[2259]: (root) CMD (/usr/lib64/sa/sa1 1 1)
Jan 18 23:14:50 hadoop100 crond[1238]: (CRON) INFO (Shutting down)
Jan 18 23:15:20 hadoop100 crond[1194]: (CRON) INFO (RANDOM_DELAY will be scaled with
factor 85% if used.)
Jan 18 23:15:20 hadoop100 crond[1194]: (CRON) INFO (running with inotify support)
Jan 18 23:20:01 hadoop100 CROND[2972]: (root) CMD (/usr/lib64/sa/sa1 1 1)
Jan 18 23:30:01 hadoop100 CROND[5072]: (root) CMD (/usr/lib64/sa/sa1 1 1)
Jan 19 00:01:26 hadoop100 crond[1174]: (CRON) INFO (RANDOM_DELAY will be scaled with
factor 48% if used.)
Jan 19 00:01:26 hadoop100 crond[1174]: (CRON) INFO (running with inotify support)
Jan 19 00:12:19 hadoop100 crond[1197]: (CRON) INFO (RANDOM_DELAY will be scaled with
factor 51% if used.)
Jan 19 00:12:20 hadoop100 crond[1197]: (CRON) INFO (running with inotify support)
```

6. 查看用户登录日志

Linux 用户登录信息放在 3 个文件中。

（1）/var/run/utmp：记录当前正在登录系统的用户信息，默认由 who 和 w 记录当前登录用户的信息，uptime 记录系统启动时间。

（2）/var/log/wtmp：记录当前正在登录和历史登录系统的用户信息，默认由 last 命令查看。

（3）/var/log/btmp：记录失败的登录尝试信息，默认由 lastb 命令查看。

7. 日常查看用户登录信息

lastlog 列出所有用户最近登录的信息。

```
[root@hadoop100 ~]# lastlog
用户名            端口        来自             最后登录时间
root             pts/0      192.168.1.1      三 1 月 27 16:03:29 +0800 2021
bin                                          **从未登录过**
daemon                                       **从未登录过**
adm                                          **从未登录过**
lp                                           **从未登录过**
sync                                         **从未登录过**
shutdown                                     **从未登录过**
halt                                         **从未登录过**
mail                                         **从未登录过**
operator                                     **从未登录过**
games                                        **从未登录过**
ftp                                          **从未登录过**
nobody                                       **从未登录过**
systemd-network                              **从未登录过**
dbus                                         **从未登录过**
polkitd                                      **从未登录过**
sssd                                         **从未登录过**
libstoragemgmt                               **从未登录过**
rpc                                          **从未登录过**
colord                                       **从未登录过**
gluster                                      **从未登录过**
saslauth                                     **从未登录过**
abrt                                         **从未登录过**
setroubleshoot                               **从未登录过**
rtkit                                        **从未登录过**
pulse                                        **从未登录过**
chrony                                       **从未登录过**
rpcuser                                      **从未登录过**
nfsnobody                                    **从未登录过**
unbound                                      **从未登录过**
tss                                          **从未登录过**
usbmuxd                                      **从未登录过**
```

```
geoclue                          **从未登录过**
radvd                            **从未登录过**
qemu                              **从未登录过**
ntp                              **从未登录过**
gdm                    :0         三 1 月 27 15:39:08 +0800 2021
gnome-initial-setup :0            一 1 月 18 23:09:26 +0800 2021
sshd                             **从未登录过**
avahi                            **从未登录过**
postfix                          **从未登录过**
tcpdump                           **从未登录过**
ac                     pts/0      三 1 月 27 15:45:06 +0800 2021
```

last 列出当前和曾经登入系统的用户信息。

```
[root@hadoop100 ~]# lastlog
Last -f /var/run/utmp 命令查看 utmp 文件
[root@hadoop100 ~]# last -f /var/run/utmp
```

Lastb 列出尝试失败的登录信息。

```
[root@hadoop100 ~]# lastb
```

通过/var/log/secure 可查看 SSH 登录行为。

```
[root@hadoop100 ~]# tail -200f /var/log/secure
```

2.8　作业与练习

一、填空题

1. 大数据的特征具有 5 个 V 的特点，分别是：_____、_____、_____、_____、_____。

2. 大数据系统具有的 4 个特点，分别是：_____、_____、_____、_____。

3. 大数据系统主要的应用场景是：_____、_____、_____。

4. Hadoop 三大发行商分别是：_____、_____、_____。

5. 大数据系统的测试验收需要进行的测试有：_____、_____、_____、_____、_____。

6. 大数据系统的 3 层管理对象分别是：_____、_____、_____。

7. 大数据系统的软件主要包括：_____、_____、_____、_____。

8. 大数据的系统软件在使用中要注意：_____、_____、_____。

9. 大数据系统的硬件基础主要包括：_____、_____、_____、_____。

10. 系统数据主要包括：_____、_____、_____、_____4 种。

11. 系统管理的内容主要包括 8 个部分，分别是：_____、_____、_____、_____、_____、_____、_____、_____。

12. 日志按功能分为：_____、_____、_____3 类。

13. 数据备份的 4 个组成部分分别是：＿＿＿＿、＿＿＿＿、＿＿＿＿、＿＿＿＿。

14. 主流的资产管理工具有：＿＿＿＿和＿＿＿＿。

15. 主流的监控工具有：＿＿＿＿和＿＿＿＿。

16. 主流的流程管理工具有：＿＿＿＿和＿＿＿＿。

17. 质量管理的 P-D-C-A 循环包括：＿＿＿＿、＿＿＿＿、＿＿＿＿、＿＿＿＿。

18. 系统管理制度包括：＿＿＿＿、＿＿＿＿、＿＿＿＿、＿＿＿＿4 个方面。

19. ITIL 服务生命周期的 5 个阶段分别是：＿＿＿＿、＿＿＿＿、＿＿＿＿、

＿＿＿＿、＿＿＿＿。

二、简述题

1. 简述大数据系统主要的 3 种应用场景和对应的大数据系统技术方案。

2. 简述安装部署 HDP 的主要步骤。

3. 列举几个具有代表性的大数据系统软件，并简要说明其作用。

4. 简述事件管理的流程目标。

5. 简述问题管理的流程。

6. 为什么说 IT 运维管理的基础是配置管理？

7. 为什么要做好变更管理？

8. 你认为日志管理最大的作用是什么？

9. 如果做好了安全防护措施，大数据系统还需不需要备份管理？

10. 简述主流的监控管理工具，并探讨如何更好地利用这些工具。

11. 流程管理的意义是什么？

12. 在大数据系统管理中遵循 ITIL 规范有什么好处？

参考文献

[1] 朱琦，胡昊，尚屹，等. 分布式应用系统运维理论与实践[M]. 北京：中国环境出版社，2014.

[2] 韩晓光. 系统运维全面解析：技术、管理与实践[M]. 北京：电子工业出版社，2015.

[3] WHITE T. Hadoop 权威指南：2 版[M]. 周敏奇，钱卫宁，金澈清，等译. 北京：清华大学出版社，2011.

[4] 陈禹. 信息系统管理工程师教程[M]. 北京：清华大学出版社，2006.

第 3 章

故障管理

即使再精心设计的系统，在运行过程中，由于一些无法预料的因素，也会遇到各种各样的故障。作为一名合格的系统运维人员，首先要对系统的架构、特征和弱点有所掌握；其次，"工欲善其事，必先利其器"，排查和消除故障，需要先搭建并且掌握先进顺手的工具软件；再者，需要通过一个完整的流程和制度规范对故障进行报告、解决和管理。

本章强调教给读者故障管理的通用方法和思路，使读者对运维工作的故障管理有一定掌握，并在后续的工作过程中起到一定帮助和指导作用。

3.1 集群结构

一个简单的大数据集群体系结构包括以下模块：系统部署和管理，数据存储，资源管理，处理引擎，安全、数据管理，工具库以及访问接口。

集群服务器根据集群中节点所承载的任务性质分为管理节点和工作节点。工作节点一般用于部署各自的存储、容器或计算角色。管理节点一般用于部署各自的组建管理角色。集群功能配置如表 3-1 所示。根据业务类型不同，集群具体配置也有所区别，以实时流处理服务集群为例：Hadoop 实时流处理性能对节点内存和 CPU 有较高要求，基于 Spark Streaming 的流处理消息吞吐量可随着节点数量增加而线性增长。硬件配置如表 3-2 所示。

表 3-1 集群功能配置

模 块	组 件	管 理 角 色	工 作 角 色
系统部署	Ambari		
数据存储	HDFS	NameNode	DataNode
		Secondary NameNode	
		JournalNode	
		FailoberController	
	HBase	HBase Master	RegionServer

模　块	组　件	管　理　角　色	工　作　角　色
资源管理	YARN	ResourceManager	NodeManager
		Job HistoryServer	
处理引擎	Spark	History Server	
	Impala	Impala Catalog Server	Impala Daemon
		Impala StateStore	
	Search		Solr Server
安全、数据管理	Sentry	Sentry Server	
工具库	Hive	Hive Metastore	
		Hive Server2	

表 3-2　硬件配置

	管　理　节　点	工　作　节　点
处理器	两路 Intel® 至强处理器，可选用 E5-2650 处理器	两路 Intel® 至强处理器，可选用 E5-2660 处理器
内核数	6 核/CPU（或者可选用 8 核/CPU），主频 2.5 GHz 或以上	6 核/CPU（或者可选用 8 核/CPU），主频 2.0 GHz 或以上
内存	64 GB ECC DDR5	64 GB ECC DDR5
硬盘	两个 2 TB 的 SAS 硬盘（5.5 寸），7200 RPM，RAID1	4～12 个 4 TB 的 SAS 硬盘（5.5 寸），7200 r/min，不使用 RAID
网络	至少两个 1 Gb/s 以太网电口，推荐使用光口提高性能。使用两个网口链路聚合提供更高带宽	至少两个 1 Gb/s 以太网电口，推荐使用光口提高性能。使用两个网口链路聚合提供更高带宽
硬件尺寸	1U 或 2U	1U 或 2U
接入交换机	48 口千兆交换机，要求全千兆，可堆叠	
聚合交换机（可选）	4 口 SFP+万兆光纤核心交换机，一般用于 50 节点以上大规模集群	

　　一个中等规模的集群的节点数一般为 30～200，通常的数据存储可以规划到几百太字节，适用于一个中型企业的数据平台。结构本身也可以通过细分管理节点、主节点、工具节点和工作节点的方式，进一步降低节点复用程度。

3.2　故障报告

3.2.1　故障发现

　　在运维过程中，发现故障的方式一般分为用户报告、监控告警和人工检查 3 种。随着运维成熟度的逐步提高，用户报告故障的比例会越来越低，呈现反比趋势。主要原因是大部分故障都通过运维自检提前发现提前解决。通过监控系统配置的监控策略叫监控告警，自动根据监控资源发现异常，并通过预先配置的一种或多种告警方式通知管理人员。最后的人工检查是对上述告警的补充，对于监控无法覆盖的指标项，定期人为地进行巡检，能够更全面地评估系统的健康状态。

在故障发现之后，详细、精确记录包括故障起因（如果是用户，要保留用户的联系方式）、故障的现象、故障发生的时间点、故障暂时的影响等。故障描述的详细程度决定了后续故障处理与故障排查的效率，可以帮助管理员快速定位问题原因。一个典型的故障记录单如表 3-3 所示。

表 3-3　故障记录单

分　类	记　录
单号	20170511000328
状态	已指派
等待代码	等待管理员接单
记录人员	张三
分析员	李四
报告时间	2017-05-11　11:18:20
客户	王五
客户组织	业务一部
客户电话	×××
客户邮箱	×××
VIP 属性	VIP
故障来源	用户报告
摘要	大数据分析系统×无法登录
详细信息	今天 10:00，李四使用 Chrome 浏览器访问×系统时，在输入用户名和密码之后，页面出现错误信息"服务器内部故障 308，请联系管理员"，截图如附件所示
故障分类	大数据分析系统/×系统/用户登录故障
故障级别	低

3.2.2　影响分析

在运维体系下，一般会划分一、二、三线的人员层级：一线人员指的是直接面向客户处理日常运维问题的前台运维人员；二线人员一般是负责跟进复杂故障问题的专业系统管理员或业务资深运维顾问。三线人员主要是处理深层次故障以及严重问题的研发人员、服务供应商。例如，当架构体系引起组件冲突、软件代码异常性报错等问题时，会由一线、二线逐级上报给三线人员进行排查和后续跟进，在完全修复后逐级向下回溯反馈。

当故障发生之后，一线人员会通过故障记录单记录下故障的详细内容，对故障进行初步归类与判断，划分故障的性质与所属模块的重要性，通过这两个初核信息加上用户故障记录单的反馈数量可以判定故障的影响范围。

判断故障的影响程度对后续处理至关重要，应运用合适的处置手段应对不同层级影响程度的故障。在运维工作中，既不能过度耗费重要资源去处理微小故障问题，也不能按部就班地用常规方式应对可能对系统可用性造成严重打击的致命故障问题。前者可能过度消耗企业的生产资源，且无法让真正重要的事项得到及时支持，后者则会造成核心功能数据的污染甚至造成直接经济损失。对故障的影响程度进行分级，安排合适的资源，给定合适的预期时间适配同等层级的问题是一般运维工作的重要经验。故障影响分析如表 3-4 所示。

表 3-4　故障影响分析

类　别	识别标准	处理方法
致命	核心系统整体功能或者核心功能失效	立即上报部门或者组织管理层；协调所有相关资源参与处置
高	核心系统的非核心功能失效；非核心系统的整体功能失效	协调二线立即参与处置
中	非核心系统的部分功能失效	协调二线参与处置
低	个别用户反馈无法使用；尚未导致功能受影响的故障	一线参与处置和进一步分析
微小	不对可用性造成影响,暂时不处理也没关系	记录

3.3　故障处理

3.3.1　故障诊断

从故障的发生所属层面来看，可以细化为应用层故障、网络层故障、硬件层故障、系统层故障、客户端故障、机房环境故障等。而如果从故障原因角度出发，则可以参照表 3-5 所示的故障描述。

表 3-5　常见故障

故障原因	描述
人为操作失误	由于人为操作失误造成的故障，例如误删了系统重要资源
性能容量问题	由于访问量增加、运行时间的累积，JVM HEAP 内存空间、磁盘空间、线程数、网络连接数、打开文件数等超限
软件缺陷	软件在研发过程中遗留的技术债务，临时解决方案，常常在升级变更之后出现问题
硬件故障	服务器因为长时间运行所导致的元部件老化、损坏等故障
兼容性问题	由于应用、服务器、组件、网络等配置参数的冲突，或是组件应用服务与组件本身的软件冲突，在同一个集群环境运行时产生了故障。例如，在应用服务升级过程中发现应用本身依赖的服务 jar 包对高版本上层应用不兼容，从而引起的服务报错

在故障诊断中，有如下几个重要因素。

1. 故障的完整描述

如本节前文所述，运维人员对故障的快速定位以及故障范围的准确预估，依赖于故障记录人员准确翔实的故障描述。详尽的故障描述应该尽可能包括下列几个信息：问题的报错码、报错时间段、是否首次发生、可能涉及的业务范围等。通过对上述几个方面的仔细核实，可以避免运维人员把大量的时间成本浪费在资源排查上面。

2．监控信息、dump 文件、日志等现场快照

故障发生时的现场信息是排查故障的关键，把日志、监控信息、dump 文件、网络抓包情况等现场内容汇总获取，可以完成对故障的复现与定位。应用开发时预留的日志输出点显得尤为重要，大多数故障其实都可以通过故障现场的日志数据发现端倪，一些复杂的故障则需要依靠多块日志记录或者监控手段才能定位原因。需要注意的是，这种预留日志的输出需要遵循以下 3 个原则：日志的输出并非越多越好，无用冗余的业务日志甚至可能影响关键信息的获取。日志关键位置输出。合理安排日志输出点的位置，尽力做到以最小输出的代价包含模块的定位。故障现场的保留。可以在异常捕获时多输出一部分故障当场的参数信息，各环节执行结果，等等。遵循上述 3 个原则的日志信息可以极大增加故障解决的进度，减少运维及开发人员的无效排查工作。

3．文档、经验和知识

通过现场快照发现错误的具体信息后，还要根据系统本身的文档、知识库或者管理员的经验更深入地分析。例如，输出日志显示用户授权失败，表明用户的权限信息没有被正常赋权获取。这类常见的问题场景其实可以通过以往的问题检索快速找到解决方案。建立运维体系的知识库和文档资源有助于运维人员迅速提升自身运维经验，运维经验的提升也将极大减少资源诊断排查的时间。当然经验的积累其实并不局限于企业或者公司，互联网开源软件的帮助文档、论坛、搜索引擎检索到的相关问题记录和解决方案，都是故障排查处理的有效手段。

3.3.2　故障排除

故障排除通常有两种做法：变通解决和根本解决。变通解决是当服务故障导致系统不可用时，服务恢复的时效成为第一要素的情况下，通过其他替代方案或是临时方案进行短期内的服务快速恢复。根本解决是指找到并解决引起故障的直接深层原因。例如，我们常见的系统蓝屏，此时通过重启计算机就可以完成蓝屏的变通解决，而根据蓝屏的报错码找到蓝屏的最终原因并予以解决，就是根本解决。

不同种类的故障有不同的排除方法，如表 3-6 所示[1]。

表 3-6　故障排除方法

排 除 方 法	适 应 场 景
重启服务	软件或者硬件产生不明原因的故障时，可通过重启相关模块恢复服务，但要注意的是，复杂系统尤其是分布式系统包含多台服务器、多个应用模块，按照怎样的顺序重启，重启哪些模块也都是可以注意的点
性能调度	当访问量激增时，系统会出现卡顿，一些模块可能会由于资源耗尽而无法再服务，可以通过扩充系统性能来解决。如果系统部署在云上，可以通过云管理平台动态地增加 CPU、内存，甚至整个服务器等来解决性能问题
修补数据	当故障造成数据错误、丢失、重复时，故障的处理就会变得异常烦琐。如果数据特别重要，一定可以修复，则可以安排资源对数据进行逐笔核对，识别错误的地方。这个工作量通常非常大

续表

排 除 方 法	适 应 场 景
升级变更	如果是硬件故障，可以通过升级变更更换硬件；如果是软件问题，可以通过升级变更修复缺陷
隔离、重置等其他应急操作	当系统存在冗余的模块时，为了避免流量仍然导向故障模块，可以彻底手工隔离故障模块；一些系统可能由于自身结构的原因，有一些常发性故障，例如用户登录状态错误，对此可以将重置用户登录状态做成一个功能，以方便在排除故障时使用
自动化	在有了一定故障处理经验和原则之后，对于固定场景的故障，可以考虑开发成自动处理，在捕获到异常之后，由系统管理模块对故障进程自动隔离、自动重启、自动重置、自动扩容等

△ 3.4　故障后期管理

3.4.1　建立和更新知识库

在 3.2.1 节中已经介绍过，在发现故障之后，可以通过单据记录故障的信息，故障的分析和处理过程也可以通过单据记录，保证整个故障处理过程都可以被查阅跟踪。如果是用户反馈的问题，还可以在故障完全解决并验证完成后，由一线运维人员回访用户，完成故障处理的整个业务闭环。一般的机构会遵循 ITIL 的事件和问题流程对故障进行流程化管理。故障处理过程中的单据也应该由运维人员进行收集整理，形成知识库故障处理样例，以供后续处理类似运维问题时借鉴参考。

企业知识库建立的初衷是由于运维工作中积累的大量故障处理经验和知识资源长期以来零散地存储在员工个人的存储介质中，未得到有效整合与共享。这样的情况导致 3 个主要问题：运维日常故障处理的过程完全依赖于特定关键人物的经验积累；运维体系下的全部人员在有限的沟通交流方式下很难做到经验知识的有效分享与积累；已存在的固有经验与处理方案随着环境组件版本的升级无法做到及时更新整理与版本拉平。

针对上述问题，建立知识管理系统，可以实现对大量有价值的案例、规范、手册、经验等知识内容的分类存储和管理，积累知识资产，避免流失；规范知识内容的分类与存储，以此为基础实现后续使用过程中的快捷检索；通过记录并分析故障的处理过程，促进故障处理经验的记录、共享、复用与传承，并与现有管理体系、流程系统进行嵌入，实现整个架构层面的多系统间的知识整合。

3.4.2　故障预防

对于重大故障，找到其根本原因有助于预防和消除同类故障。海恩法则是德国飞机涡轮机的发明者帕布斯·海恩提出的，是一个在航空界关于飞行安全的法则。海恩法则指出：每一起严重事故的背后，必然有 29 次轻微事故和 300 起未遂先兆以及 1000 起事故隐患。法则强调两点：一是事故的发生是量的积累的结果；二是再好的技术，再完美的规章，在实际操作层面，也无法取代人自身的素质和责任心。

海恩法则多被用于企业的生产管理，特别是安全管理中。海恩法则对企业来说是一种警示，它说明任何一起事故都是有原因的，并且是有征兆的；它同时说明安全生产是可以控制的，安全事故是可以避免的；它也给了企业管理者生产安全管理的一种方法，即发现并控制征兆。具体来说，利用海恩法则进行生产的安全管理主要步骤如下。

（1）首先任何生产过程都要进行程序化，这使整个生产过程都可以进行考量，是发现事故征兆的前提。

（2）对每一个程序都要划分相应的责任，可以找到相应的负责人，让他们认识到安全生产的重要性，以及安全事故带来的巨大危害性。

（3）根据生产程序列出每一个程序可能发生的事故，以及发生事故的先兆，培养员工对事故先兆的敏感性。

（4）在每一个程序上都要制定定期的检查制度，以便发现事故的征兆。

（5）在任何程序上一旦发现生产安全事故的隐患，要及时报告、及时排除。

（6）在生产过程中，即使有一些小事故发生，可能是避免不了的或者经常发生的，也应引起足够的重视，要及时排除。当事人即使不能排除，也应该向安全负责人报告，以便找出这些小事故的隐患，及时排除，避免安全事故发生。

许多企业在对安全事故的认识和态度上普遍存在一个"误区"：只重视对事故本身进行总结，甚至会按照总结得出的结论"有针对性"地开展安全大检查，却往往忽视了对事故征兆和事故苗头进行排查；而那些未被发现的征兆与苗头，就成为下一次事故的隐患，长此以往，安全事故的发生就呈现出"连锁反应"。一些企业会发生安全事故，甚至重/特大安全事故接连发生，问题就在于对事故征兆和事故苗头的忽视。

3.5　作业与练习

一、问答题

1. 从故障的原因出发，故障可以分为哪些种类？
2. 当发生故障时，需要记录哪些相关信息？
3. 运维的一线、二线、三线人员的工作职责如何划分？

二、判断题

1. 当故障发生时，每次都应该先排查原因，再解决问题。（　　　）
2. 所有的故障都需要立即协调所有资源进行处理。（　　　）
3. 重启服务是解决软件故障的唯一办法。（　　　）
4. 部分影响程度小的故障可以暂缓处理。（　　　）

参考文献

[1] 赵川，赵明，路学刚，等. 基于大数据的电力运维故障诊断及自动告警系统设计[J]. 自动化与仪器仪表，2019（10）：222-226.

第 4 章

性能管理

大数据的利用须经过大数据采集、大数据清洗、大数据集成、大数据转换等环节，再进入大数据分析和挖掘阶段，在这个阶段，由于涉及大量的数据读取和操作处理，其性能的表现将直接决定大数据应用的实用性。

本章以开源 Hadoop 大数据平台为例，阐述大数据性能分析、监控和优化的方法。

4.1 性能分析

性能管理系统实时采集影响应用性能的数据，并将其保存在性能库中，这些数据被称为性能因子。诊断专家可以对比当前和过去不同时刻的性能因子，分析性能数据的差异，找到性能问题的原因，优化系统性能。

另外，可以对历史性能因子数据进行统计分析，使用户直观地看到较长时间段内系统总体应用性能表现的发展和变化过程，这些不同角度的性能表现数据称为性能指标。通过性能指标人们可以对将来的发展趋势做出判断和预测，并对将来的系统扩容、新系统设备选型等提供技术指标参考。

4.1.1 性能因子

影响 Hadoop 大数据作业性能的因子有以下几点。

- ❑ Hadoop 配置：配置对 Hadoop 集群的性能是非常重要的；不合理的配置会产生 CPU 负载、内存交换、I/O 等的额外开销问题。
- ❑ 文件大小：特别大和特别小的文件都会影响 Map 任务的性能。
- ❑ Mapper、Reducer 的数量：会影响 Map、Reduce 的任务和 Job 的性能。
- ❑ 硬件：节点的性能、配置规划及网络硬件的性能会直接影响作业的性能。
- ❑ 代码：质量差的代码会影响 Map、Reduce 性能。

4.1.2 性能指标

Hadoop 作业常用性能指标如下。

- ❑ Elapsed time：作业的执行时间。
- ❑ Total allocated containers：分配给作业的执行容器数目。
- ❑ Number of maps，launched map tasks：作业发起的 Map 任务数目。
- ❑ Number of reduces，launched reduce tasks：作业发起的 Reduce 任务数目。
- ❑ Job state：作业的执行状态，如 SUCCEEDED。
- ❑ Total time spent by all map tasks (ms)：所有 Map 任务执行的时间。
- ❑ Total time spent by all reduce tasks (ms)：所有 Reduce 任务执行的时间。
- ❑ Total vcore-seconds taken by all map tasks：所有 Map 任务占用虚拟核的时间。
- ❑ Total vcore-seconds taken by all reduce tasks：所有 Reduce 任务占用虚拟核的时间。
- ❑ Map input records：Map 任务输入的记录数目。
- ❑ Map output records：Map 任务输出的记录数目。
- ❑ Map output bytes：Map 任务输出的字节数目。
- ❑ Map output materialized bytes：Map 任务输出的未经解压的字节数目。
- ❑ Input split bytes：输入文件的分片大小，单位为字节。
- ❑ Combine input records：合并的输入记录数目。
- ❑ Combine output records：合并的输出记录数目。
- ❑ Reduce input groups：Reduce 任务的输入组数目。
- ❑ Reduce shuffle bytes：Map 传输给 Reduce 用于 shuffle 的字节数。
- ❑ Reduce input records：Reduce 任务输入的记录数目。
- ❑ Reduce output records：Reduce 任务输出的记录数目。
- ❑ Spilled records：溢出（spilled）的记录数目。
- ❑ Shuffled maps：Shuffled 的 Map 任务数目。
- ❑ Failed shuffles：失败的 Shuffle 数。
- ❑ Merged map outputs：合并的 Map 输出数。
- ❑ GC time elapsed (ms)：通过 JMX 获取执行 Map 与 Reduce 的子 JVM 总共的 GC 时间消耗。
- ❑ CPU time spent (ms)：花费的 CPU 时间。
- ❑ Physical memory (bytes) snapshot：占用的物理内存快照。
- ❑ Virtual memory (bytes) snapshot：占用的虚拟内存快照。
- ❑ Total committed heap usage (bytes)：总共占用的 JVM 堆空间。
- ❑ File：Number of bytes read=446，文件系统读取的字节数。
- ❑ File：Number of bytes written，文件系统写入的字节数。
- ❑ File：Number of read operations，文件系统读操作的次数。

- ❑ File：Number of large read operations，文件系统大量读的操作次数。
- ❑ File：Number of write operations，文件系统写操作的次数。
- ❑ HDFS：Number of bytes read，HDFS 读取的字节数。
- ❑ HDFS：Number of bytes written，HDFS 写入的字节数。
- ❑ HDFS：Number of read operations，HDFS 读操作的次数。
- ❑ HDFS：Number of large read operations，HDFS 大量读的操作次数。
- ❑ HDFS：Number of write operations，HDFS 写操作的次数。
- ❑ File input format counters：Bytes read，Job 执行过程中，Map 端从 HDFS 读取输入的 split 源文件内容大小，不包括 Map 的 split 元数据；如果是压缩的文件则是未经解压的文件大小。
- ❑ File output format counters：Bytes written，Job 执行完毕后把结果写入 HDFS，该值是结果文件的大小；如果是压缩的文件则是未经解压的文件大小。
- ❑ JVM 内存使用。
  - ➢ 堆内存 Heap Memory：代码运行使用内存。
  - ➢ 非堆内存 Non Heap Memory：JVM 自身运行使用内存。
- ❑ 磁盘空间使用。
  - ➢ Configured Capacity：单位为 GB，所有的磁盘空间。
  - ➢ DFS Used：单位为 MB，当前 HDFS 的使用空间。
  - ➢ Non DFS Used：单位为 GB，非 HDFS 所使用的磁盘空间。
  - ➢ DFS Remaining：单位为 GB，HDFS 可使用的磁盘空间。
- ❑ files and directories：文件和目录数。
- ❑ HDFS 文件信息。
  - ➢ Size：大小。
  - ➢ Replication：副本数。
  - ➢ Block Size：块大小。

4.2 性能监控工具

应用系统的性能管理是通过性能监控工具完成的。性能监控工具不但管理操作系统平台的性能、网络的性能、数据库的性能，而且能够在事务一级对企业系统进行监控和分析，指出系统瓶颈，并且允许管理员设置各种预警条件。在资源还没有被耗尽以前，系统或管理员可以采取一些预防性措施，保证系统高效运行，增强系统的可用性。

Hadoop 应用平台中内置了性能监控工具，下面具体介绍。

Hadoop 启动时会运行两个服务器进程：一个是用于 Hadoop 各进程间进行通信的 RPC 服务进程；另一个是提供了便于管理员查看 Hadoop 集群各进程相关信息页面的 HTTP 服务进程。其中，最常用的是 Hadoop 的名为 NameNode 的 Web 管理工具。

4.2.1　GUI

通过浏览器查看 Hadoop NameNode 开放的 50070 号端口，可以了解 Hadoop 集群的基本配置信息并监控 Hadoop 集群的状态，分别如图 4-1～图 4-4 所示。

图 4-1　集群基本信息（1）

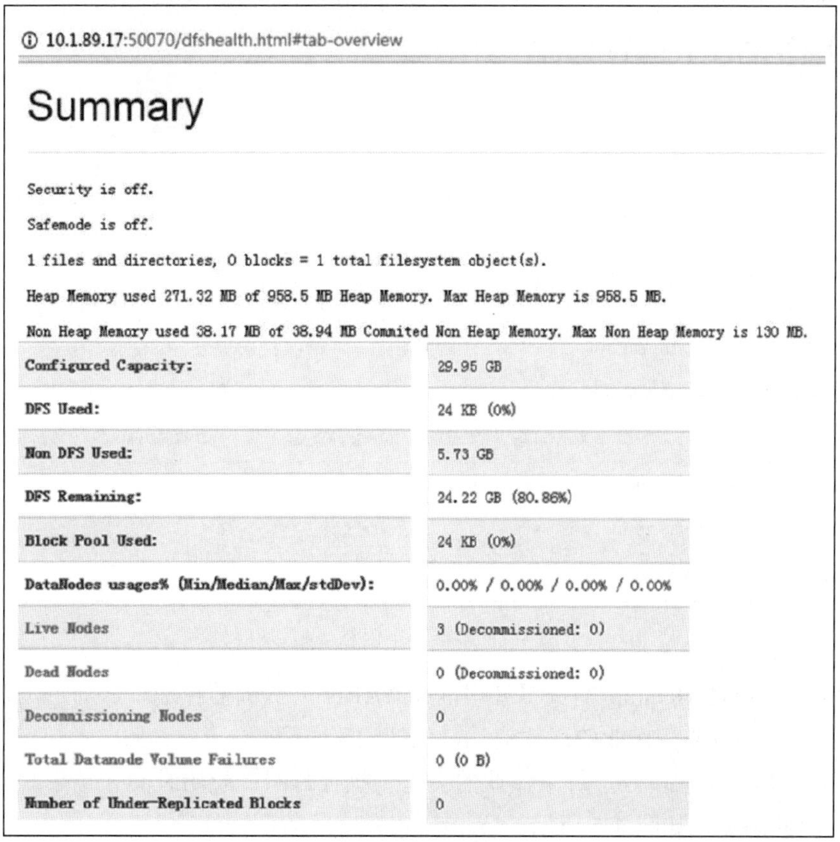

图 4-2　集群基本信息（2）

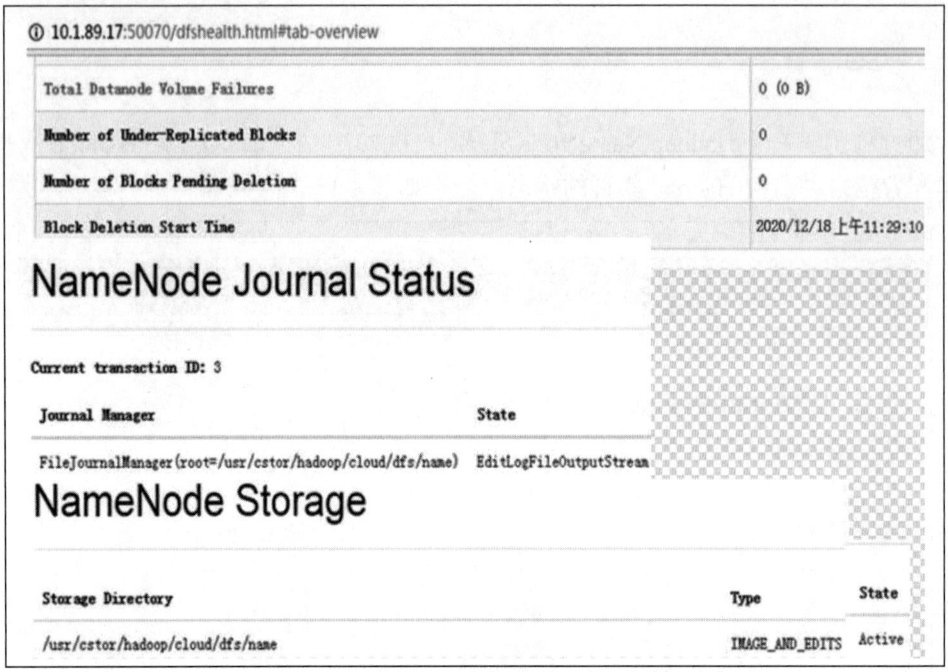

图 4-3　集群基本信息（3）

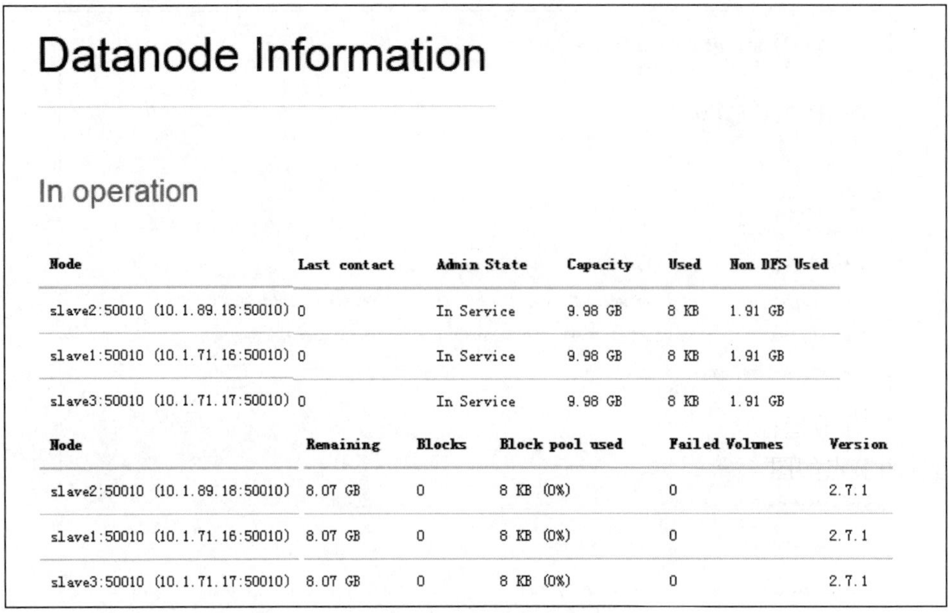

图 4-4　集群基本信息（4）

8088 号端口是 Hadoop 的资源管理框架 YARN 开放的监控端口，通过浏览器访问 8088 号端口，可以监控作业的运行信息，包括如下方面。

（1）运行了哪些作业，每个作业的类型、执行时间、起始时间、结束时间、当前状态、最终状态等，如图 4-5 所示。

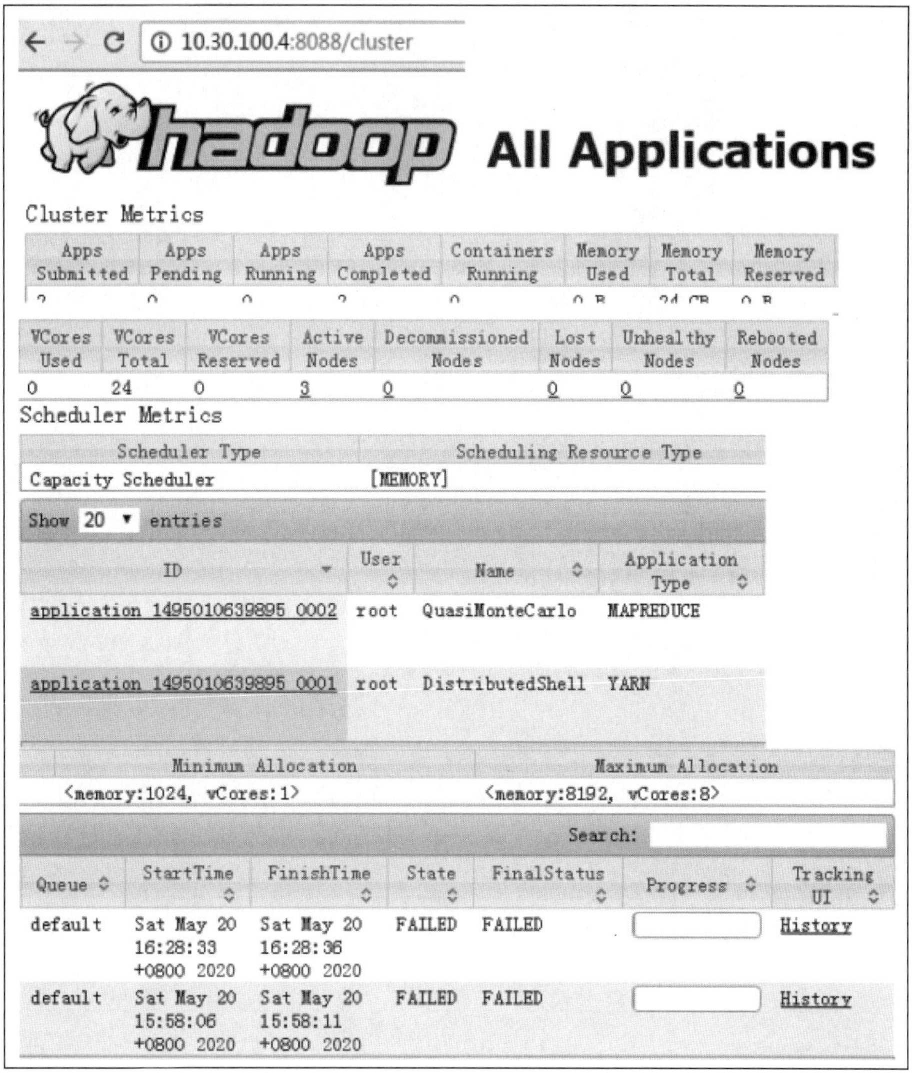

图 4-5　作业基本信息

（2）作业运行在集群的哪些计算节点上。如图 4-6 所示为作业详细信息例子，作业运行的节点如图 4-7 所示，即运行在两个 data node 节点上，分别是 slave1 和 slave3。

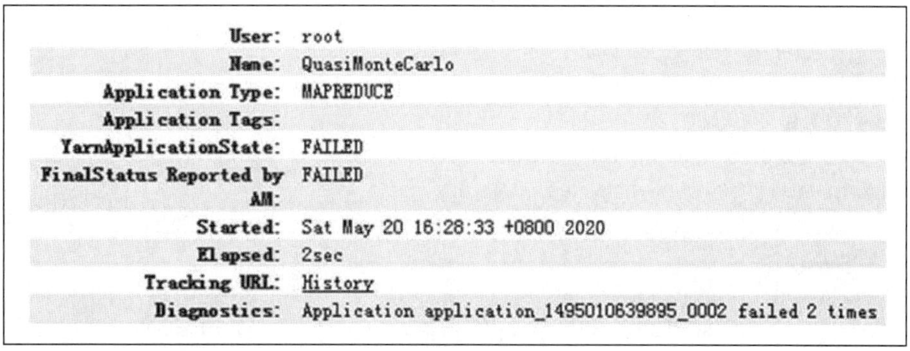

图 4-6　作业详细信息例子

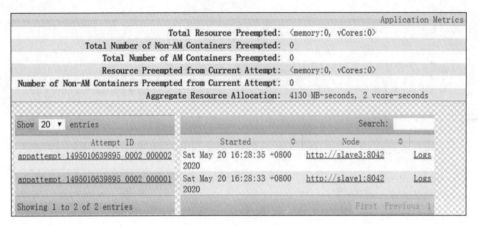

图 4-7 作业运行节点

（3）HDFS 文件信息，包括 Size、Replication、Block Size，如图 4-8 所示。

Browse Directory

/user/root/QuasiMonteCarlo_1496131133155_811889410/in

Permission	Owner	Group	Size	Last Modified
-rw-r—r—	root	supergroup	118 B	2020/12/30 下午3:58:55
-rw-r—r—	root	supergroup	118 B	2020/12/30 下午3:58:55

Replication	Block Size	Name
3	128 MB	part0
3	128 MB	part1

图 4-8 HDFS 文件信息

4.2.2 集群 CLI

通过 YARN、mapred 等 CLI 工具，也可监控作业的运行。如下所示为其中一些操作。以下命令列出当前运行的作业应用。

```
[root@master ~]# yarn application -list
20/12/28 21:20:04 INFO client.RMProxy: Connecting to ResourceManager at
master/10.30.248.5:8032
20/12/28 21:20:05 WARN util.NativeCodeLoader: Unable to load native-hadoop library for your
platform... using builtin-java classes where applicable
Total number of applications (application-types: [] and states: [SUBMITTED, ACCEPTED,
RUNNING]):1
Application-Id    Application-Name    Application-Type    User    Queue
 application_1495286256909_0005    QuasiMonteCarlo    MAPREDUCE    root
default    State    Final-State    Progress    Tracking-URL
ACCEPTED    UNDEFINED    0%
```

上述代码显示出所有 YARN 框架下正在运行的应用任务信息，内容包括应用 ID/应用名称/应用类型/使用者以及跟踪 URL。

以下是 YARN CLI 的所有命令用法。

```
[root@master ~]# yarn application -help
20/12/28 14:38:24 INFO client.RMProxy: Connecting to ResourceManager at
master/10.30.248.5:8032
20/12/28 14:38:24 WARN util.NativeCodeLoader: Unable to load native-hadoop library for your
platform... using builtin-java classes where applicable
usage: application
 -appStates <States>                Works with -list to filter applications
 #筛选应用状态                         based on input comma-separated list of
                                    application states. The valid application
                                    state can be one of the following:
                                    ALL,NEW,NEW_SAVING,SUBMITTED,
ACCEPTED,RUN
                                    NING,FINISHED,FAILED,KILLED
 -appTypes <Types>                  Works with -list to filter applications
 #筛选应用类型                         based on input comma-separated list of
                                    application types.
 -help                              Displays help for all commands.
 -kill <Application ID>             Kills the application.
 #杀掉一个应用进程
-list                               List applications. Supports optional use
 #列出所有应用信息                      of -appTypes to filter applications based
                                    on application type, and -appStates to
                                    filter applications based on application
                                    state.
 -movetoqueue <Application ID>      Moves the application to a different
 #移动应用到其他队列                    queue.
 -queue <Queue Name>                Works with the movetoqueue command to
 #查看队列信息                         specify which queue to move an
                                    application to.
 -status <Application ID>           Prints the status of the application.
 #查看应用详细状态
```

以下命令列出 MapReduce 当前运行的作业。

```
[root@master ~]# mapred job -list
20/12/28 21:21:45 WARN util.NativeCodeLoader: Unable to load native-hadoop library for your
platform... using builtin-java classes where applicable
20/12/28 21:21:45 INFO client.RMProxy: Connecting to ResourceManager at
master/10.30.248.5:8032
Total jobs:1
                JobId       State      StartTime      UserName       Queue
Priority   UsedContainers   RsvdContainers   UsedMem   RsvdMem   NeededMem
AM info
```

```
  job_1495286256909_0007      PREP    1495977705884        root        default
NORMAL            1              0             2048M        0M          2048M
http://master:8088/proxy/application_1495286256909_0007/
```

上述代码显示出所有 MapReduce 框架下正在运行的任务信息，内容包括任务 ID/任务状态/开始时间/操作用户/队列信息/使用的容器/已经使用的内存/需要使用的内存等。以下命令列出之前运行的所有历史作业。

```
[root@master hadoop]# mapred job -list all
20/12/04 19:19:32 INFO client.RMProxy: Connecting to ResourceManager at
master/10.30.248.5:8032
Total jobs:23
                 JobId        State       StartTime       UserName       Queue
Priority   UsedContainers   RsvdContainers   UsedMem     RsvdMem    NeededMem
AM info
  job_1495286256909_0016   SUCCEEDED   1496117359080        root        default
NORMAL           N/A            N/A            N/A         N/A         N/A
http://master:8088/proxy/application_1495286256909_0016/
  job_1495286256909_0017   SUCCEEDED   1496117407162        root        default
NORMAL           N/A            N/A            N/A         N/A         N/A
http://master:8088/proxy/application_1495286256909_0020/
  job_1495286256909_0003     FAILED    1495977187836        root        default
NORMAL           N/A            N/A            N/A         N/A         N/A
http://master:8088/cluster/app/application_1495286256909_0003
  job_1495286256909_0018   SUCCEEDED   1496131137273        root        default
NORMAL           N/A            N/A            N/A         N/A         N/A
http://master:8088/proxy/application_1495286256909_0018/
  job_1495286256909_0024   SUCCEEDED   1496147508903        root        default
NORMAL           N/A            N/A            N/A         N/A         N/A
http://master:8088/proxy/application_1495286256909_0024/
  job_1495286256909_0019   SUCCEEDED   1496132683157        root        default
NORMAL           N/A            N/A            N/A         N/A         N/A
http://master:8088/proxy/application_1495286256909_0019/
  job_1495286256909_0004     FAILED    1495977501707        root        default
NORMAL           N/A            N/A            N/A         N/A         N/A
http://master:8088/cluster/app/application_1495286256909_0004
  job_1495286256909_0026   SUCCEEDED   1496147979186        root        default
NORMAL           N/A            N/A            N/A         N/A         N/A
http://master:8088/proxy/application_1495286256909_0026/
  job_1495286256909_0025   SUCCEEDED   1496147583292        root        default
NORMAL           N/A            N/A            N/A         N/A         N/A
http://master:8088/proxy/application_1495286256909_0025/
  job_1495286256909_0020   SUCCEEDED   1496133886994        root        default
NORMAL           N/A            N/A            N/A         N/A         N/A
http://master:8088/proxy/application_1495286256909_0020/
  job_1495286256909_0013   SUCCEEDED   1496116698854        root        default
NORMAL           N/A            N/A            N/A         N/A         N/A
```

http://master:8088/proxy/application_1495286256909_0013/

job_1495286256909_0022	SUCCEEDED	1496135014648		root	default
NORMAL	N/A	N/A	N/A	N/A	N/A

http://master:8088/proxy/application_1495286256909_0022/

job_1495286256909_0001	FAILED	1495289772229		root	default
NORMAL	N/A	N/A	N/A	N/A	N/A

http://master:8088/cluster/app/application_1495286256909_0001

job_1495286256909_0023	SUCCEEDED	1496135396583		root	default
NORMAL	N/A	N/A	N/A	N/A	N/A

http://master:8088/proxy/application_1495286256909_0023/

job_1495286256909_0002	FAILED	1495977099368		root	default
NORMAL	N/A	N/A	N/A	N/A	N/A

http://master:8088/cluster/app/application_1495286256909_0002

job_1495286256909_0009	FAILED	1495978822879		root	default
NORMAL	N/A	N/A	N/A	N/A	N/A

http://master:8088/cluster/app/application_1495286256909_0009

job_1495286256909_0005	FAILED	1495977603257		root	default
NORMAL	N/A	N/A	N/A	N/A	N/A

http://master:8088/cluster/app/application_1495286256909_0005

job_1495286256909_0021	SUCCEEDED	1496134059337		root	default
NORMAL	N/A	N/A	N/A	N/A	N/A

http://master:8088/proxy/application_1495286256909_0021/

job_1495286256909_0015	SUCCEEDED	1496117239013		root	default
NORMAL	N/A	N/A	N/A	N/A	N/A

http://master:8088/proxy/application_1495286256909_0015/

job_1495286256909_0008	FAILED	1495978610808		root	default
NORMAL	N/A	N/A	N/A	N/A	N/A

http://master:8088/cluster/app/application_1495286256909_0008

job_1495286256909_0006	FAILED	1495977687881		root	default
NORMAL	N/A	N/A	N/A	N/A	N/A

http://master:8088/cluster/app/application_1495286256909_0006

job_1495286256909_0007	FAILED	1495977705884		root	default
NORMAL	N/A	N/A	N/A	N/A	N/A

http://master:8088/cluster/app/application_1495286256909_0007

job_1495286256909_0014	SUCCEEDED	1496117184317		root	default
NORMAL	N/A	N/A	N/A	N/A	N/A

http://master:8088/proxy/application_1495286256909_0014/

以下命令列出运行的队列。

```
[root@master ~]# mapred queue -list
20/12/28 21:33:00 WARN util.NativeCodeLoader: Unable to load native-hadoop library for your
platform... using builtin-java classes where applicable
20/12/28 21:33:00 INFO client.RMProxy: Connecting to ResourceManager at
master/10.30.248.5:8032
#连接对应的 RM 主节点
======================
Queue Name : default
```

```
Queue State : running
Scheduling Info : Capacity: 100.0, MaximumCapacity: 100.0, CurrentCapacity: 0.0
#队列名称/队列状态
#容器调度资源情况
```

以下命令列出作业队列运行的作业。

```
[root@master ~]#   mapred queue -info default -showJobs
20/12/28 21:36:50 WARN util.NativeCodeLoader: Unable to load native-hadoop library for your
platform... using builtin-java classes where applicable
20/12/28 21:36:50 INFO client.RMProxy: Connecting to ResourceManager at
master/10.30.248.5:8032
======================
Queue Name : default
Queue State : running
Scheduling Info : Capacity: 100.0, MaximumCapacity: 100.0, CurrentCapacity: 12.5
Total jobs:1
                       JobId        State      StartTime      UserName        Queue
Priority   UsedContainers   RsvdContainers   UsedMem    RsvdMem    NeededMem
AM info
 job_1495286256909_0008     PREP    1495978610808      root          default
NORMAL         1                0            2048M        0M          2048M
http://master:8088/proxy/application_1495286256909_0008/
```

以下是 mapred job CLI 的所有命令用法。

```
[root@master hadoop]# mapred job -help
Usage: CLI <command> <args>
 [-submit <job-file>]
 [-status <job-id>]
 [-counter <job-id> <group-name> <counter-name>]
 [-kill <job-id>]
 [-set-priority <job-id> <priority>]. Valid values for priorities are: VERY_HIGH HIGH NORMAL
LOW VERY_LOW
 [-events <job-id> <from-event-#> <#-of-events>]
 [-history <jobHistoryFile>]
 [-list [all]]
 [-list-active-trackers]
 [-list-blacklisted-trackers]
 [-list-attempt-ids <job-id> <task-type> <task-state>]. Valid values for <task-type> are
REDUCE MAP. Valid values for <task-state> are running, completed
 [-kill-task <task-attempt-id>]
 [-fail-task <task-attempt-id>]
 [-logs <job-id> <task-attempt-id>]
```

```
Generic options supported are
-conf <configuration file>        specify an application configuration file
-D <property=value>               use value for given property
-fs <local|namenode:port>         specify a namenode
```

```
-jt <local|resourcemanager:port>        specify a ResourceManager
-files <comma separated list of files>        specify comma separated files to be copied to the
map reduce cluster
-libjars <comma separated list of jars>        specify comma separated jar files to include in the
classpath.
-archives <comma separated list of archives>        specify comma separated archives to be
unarchived on the compute machines.

The general command line syntax is
bin/hadoop command [genericOptions] [commandOptions]
```

其中比较常用的描述如下。

-submit：提交对应文件。

-conf：说明应用的详细配置。

-status：显示任务状态。

-list：列出所有任务信息。

-kill：杀死执行任务 id 的任务，当知道提交的任务有问题的时候，可以运行此命令，直接关闭对应的任务。

-logs：查看某个任务的日志，用得相对较少，如果要查看日志，可以首选浏览器查看，其显示比较好的格式。

4.2.3　操作系统自带工具

通过操作系统自带的工具，如 vmstat，可以监控节点的物理运行性能。vmstat 可以监控每个节点的资源占用信息，下面以一个例子说明。

1．master 节点

运行以下命令。

```
[root@master usr]# vmstat
procs -----------memory---------- ---swap-- -----io---- -system-- ------cpu-----
 r  b   swpd   free   buff  cache   si  so   bi  bo   in  cs  us sy  id  wa st
 0  0 1988020 97168624 1064 27340588  1   1   11  6   0   0   1  0  99  0  0
```

下面列出了该命令显示信息的简要含义，更详细的说明可参见相关 Linux 手册。

1）procs

r：等待运行的进程数。

b：不可中断的睡眠的进程数。

2）memory

swpd：已使用的虚拟内存空间。

free：空闲的内存空间。

buff：作为数据预存缓冲使用的内存空间。

cache：作为高速缓存使用的内存空间。

inact：非活动的内存空间。

active：活动的内存空间。

3）swap

si：从磁盘交换进内存的空间。

so：从内存交换到磁盘的空间。

4）io

bi：从块设备读取到的块数。

bo：写入块设备的块数。

5）system

in：每秒的中断数，包括时钟。

cs：每秒的上下文切换数。

6）cpu

显示进程在各个运行模式或状态下占用 CPU 时间的百分比。

us：非内核运行模式（用户进程）的时间。

sy：内核运行模式（系统进程）的时间。

id：空闲时间。

wa：等待 I/O 的时间。

st：从虚拟机借用的时间。

以下命令可以查看磁盘使用的信息。

```
[root@master bin]# vmstat -D
             44 disks
              4 partitions
     1309263366 total reads
       21466414 merged reads
    12980501745 read sectors
      242899741 milli reading
      262394856 writes
       26304046 merged writes
     5678483280 written sectors
     1425544409 milli writing
              0 inprogress IO
          68490 milli spent IO
[root@master bin]# vmstat -d
```

```
disk- ------------reads------------ ------------writes----------- -----IO------
      total merged sectors   ms  total merged sectors   ms  cur  sec
sda 4680033 20450216 202107883 3371128 79620693 23466914 1758586520 85952641   0
4850
sdb      140     0   1984    116     0     0     0     0     0     0
sdc      140     0   1984    118     0     0     0     0     0     0
sdd  216003331 462970 2024587100 48544285 10861567 1456848 273478952  9456321
0  16129
sde  206058485 553377 1925019513 47347292 9501443 1380314 262258800 9320387    0
14874
```

disk	total	merged	sectors	ms	total	merged	sectors	ms	cur	sec
dm-0	7973	0	778225	6856	78433741	0	1510997920	55328096	0	3590
dm-1	25164149	0	201314304	18156190	30352289	0	242818312	1130208576	0	1295
md127	423088745	0	3949601453	0	19341824	0	535737752	0	0	0
dm-4	142	0	2145	17	4741	0	4766192	730661	0	6
dm-2	413400935	0	3307207504	90006790	7398128	0	34459408	1522545	0	22896
dm-3	9660245	0	642171597	17392804	11943647	0	501278056	65189790	0	2174
dm-5	9660245	0	642171597	17411843	11943647	0	501278056	65205794	0	2212
dm-14	129	0	12225	69	15	0	4280	31	0	0
dm-15	371	0	33249	193	174005	0	2786056	2833	0	2
dm-24	129	0	12225	83	15	0	4280	30	0	0
dm-25	45019	0	2678377	21150	1124064	0	13337072	792190	0	59
dm-26	129	0	12225	67	15	0	4280	30	0	0
dm-27	40722	0	1792313	13364	528736	0	7362184	217062	0	45
dm-16	129	0	12225	78	15	0	4280	31	0	0
dm-17	420	0	32377	180	326	0	5720	835	0	0
dm-8	129	0	12225	59	15	0	4280	31	0	0
dm-9	411	0	32169	158	74	0	5728	620	0	0
dm-10	129	0	12225	82	15	0	4280	23	0	0
dm-11	163836	0	10081137	75930	305365	0	4044896	309450	0	52
dm-12	129	0	12225	66	15	0	4280	28	0	0
dm-13	85485	0	4537545	36006	329047	0	4141328	571509	0	36
dm-22	129	0	12225	68	15	0	4280	30	0	0
dm-23	1207543	0	65765313	513690	478199	0	16361904	372685	0	262
dm-36	129	0	12225	63	15	0	4280	32	0	0
dm-37	417	0	32337	183	76	0	5720	887	0	0

disk-	-----------reads-----------				-----------writes-----------				-----IO-----	
	total	merged	sectors	ms	total	merged	sectors	ms	cur	sec
dm-20	129	0	12225	70	15	0	4280	30	0	0
dm-21	5101	0	233945	1685	54675	0	4705800	357262	0	8
dm-32	129	0	12225	80	15	0	4280	37	0	0
dm-33	573	0	40289	211	197	0	8544	915	0	0
dm-6	129	0	12225	60	15	0	4280	26	0	0
dm-7	485	0	42673	218	75	0	5792	679	0	0
dm-34	129	0	12225	62	15	0	4280	25	0	0
dm-35	596	0	48001	244	218	0	8712	1000	0	0
dm-18	129	0	12225	57	15	0	4280	26	0	0
dm-19	480	0	42593	203	76	0	5792	640	0	0
dm-30	129	0	12225	91	15	0	4280	30	0	0
dm-31	488	0	42769	219	327	0	5776	1072	0	0
dm-38	129	0	12225	73	15	0	4280	30	0	0
dm-39	412	0	32201	161	74	0	5728	579	0	0

下面列出了该命令显示信息的简要含义，更详细的说明可参见相关 Linux 手册。
最左侧的 disk 表示当前大数据节点配置的所有硬盘。

1）reads

total：完成的读操作。

merged：合并的读操作。

sectors：读取的扇区。

ms：毫秒，读操作所花的时间。

2）writes

total：完成的写操作。

merged：合并的写操作。

sectors：写入的扇区。

ms：毫秒，写操作所花的时间。

3）I/O

cur：当前正处理的 I/O。

s：秒，I/O 所花的时间。

2．slave 节点

在执行 job 时：

```
[root@slave1 ~]# vmstat -a -w 2
procs --------------memory------------- ---swap-- -----io---- -system-- --------cpu--------
 r  b    swpd        free       inact      active    si   so    bi      bo
in      cs    us  sy  id    wa    st
 4  0  2607948   118955864  4452720    6621560    1    1    10       6
0        0     0   0  100    0     0
 0  1  2795684   118949456  4687572    6396768    48  93930 11056  99522  17027
12201    3   1   96     0     0
 2  0  2831936   118946792  4684256    6401168    286 18378 39770  24424  16093
14718    2   1   96     1     0
…（截取部分信息）
```

其中各项参数含义如下。

us、sy、id：显示 CPU 占用信息。

r、b：显示运行队列、等待的进程；配合前者，可反映 CPU 繁忙程度。

bi、bo：显示 I/O 操作信息。

swpd、free：显示内存使用信息。

以下命令显示磁盘的性能。

```
[root@slave1 ~]# vmstat -D
            42 disks
             4 partitions
    1159189075 total reads
      27172362 merged reads
   11520915563 read sectors
     241207425 milli reading
     193399497 writes
      33697867 merged writes
```

```
        5793502568 written sectors
        1552796101 milli writing
                  0 inprogress IO
             58768 milli spent IO
```

```
[root@slave1 ~]# vmstat -d
```

```
disk- ------------reads------------ ------------writes----------- -----IO-----
        total merged sectors    ms total merged sectors    ms cur   sec
sda  6925472 26182950 265808659 4499990 34445958 30510766 1840069200    55649565
0  4909
sdb     201    0    2472    171    0    0    0    0    0    0
sdc     201    0    2472    138    0    0    0    0    0    0
…（截取部分信息）
```

3．client 节点

-s：显示内存相关统计信息及多种系统活动数量。

```
[root@client usr]# vmstat -s
     131747136 K total memory
       8538372 K used memory
      26850328 K active memory
      35266816 K inactive memory
      66413080 K free memory
          1444 K buffer memory
      56794236 K swap cache
       4194300 K total swap
       2788280 K used swap
       1406020 K free swap
      63686685 non-nice user cpu ticks
         48440 nice user cpu ticks
      22287715 system cpu ticks
   19107689693 idle cpu ticks
       3439759 IO-wait cpu ticks
             0 IRQ cpu ticks
        398253 softirq cpu ticks
             0 stolen cpu ticks
    1650289921 pages paged in
     791596852 pages paged out
      18030185 pages swapped in
      25625015 pages swapped out
    3316377356 interrupts
    3486926490 CPU context switches
    1491979402 boot time
       5934052 forks
```

4．vmstat 命令

以下是 vmstat 的所有命令用法。

```
[root@client usr]# vmstat -help]

Usage:
 vmstat [options] [delay [count]]

Options:
 -a, --active     active/inactive memory
 -f, --forks      number of forks since boot
 -m, --slabs      slabinfo
 -n, --one-header   do not redisplay header
 -s, --stats      event counter statistics
 -d, --disk       disk statistics
 -D, --disk-sum     summarize disk statistics
 -p, --partition <dev>   partition specific statistics
 -S, --unit <char>   define display unit
 -w, --wide      wide output
 -t, --timestamp     show timestamp


 -h, --help   display this help and exit
 -V, --version output version information and exit
For more details see vmstat(8).
```

其中各项参数含义如下。

-a：显示活跃和非活跃内存。

-f：显示从系统启动至今的 fork 数量。

-m：显示 slabinfo，即 Slab 分配器的内存使用情况。

-n：只在开始时显示一次各字段名称。

-s：显示内存相关统计信息及多种系统活动数量。

-d：显示磁盘相关统计信息。

-p：显示指定磁盘分区统计信息。

-S：使用指定单位显示，如 K、M 分别代表千字节、兆字节。默认单位为 K（千字节 1024 bytes）。

-V：显示 vmstat 版本信息。

delay：刷新时间间隔。如果不指定，只显示一条结果。

count：刷新次数。如果不指定刷新次数，但指定了刷新时间间隔，这时刷新次数为无穷。

更详细的命令用法解释可参见相关的 Linux 手册。

操作系统自带其他监控工具，根据版本不同，还可包括 stat、sar、top、time、ps、ipcs、iostat、mpstat、pidstat、netstat 等，具体可参考相关的 Linux 手册。

4.2.4　Ganglia

Ganglia 是 UC Berkeley 发起的一个开源监控项目，可用于监控数以千计的节点的运行。

Ganglia 底层使用 RRDTool 获得数据，Ganglia 主要分为如下两个进程组件。

❑ gmond（ganglia monitor deamon）。

❑ gmetad（ganglia metadata deamon）。

其中，gmond 运行在集群每个节点上，收集 RRDTool 产生的数据；gmetad 运行在监控服务器上，收集每个 gmond 的数据。Ganglia 还提供了一个 PHP 实现的 web front end，一般使用 Apache2 作为其运行环境，通过 Web Front 可以看到直观的各种集群数据图表。

Ganglia 的层次化结构做得非常好，由小到大可以分为 node→cluster→grid 这 3 个层次。

❑ 一个 node 就是一个需要监控的节点，一般是一个主机，用 IP 地址表示。每个 node 上运行一个 gmond 进程，用来采集数据，并提交给 gmetad。

❑ 一个 cluster 由多个 node 组成，就是一个集群，可以给集群定义名字。一个集群可以选一个 node 运行 gmetad 进程，汇总/拉取 gmond 提交的数据，并部署 web front，将 gmetad 采集的数据用图表展示出来。

❑ 一个 grid 由多个 cluster 组成，是一个更高层面的概念，此外，还可以给 grid 定义名字。grid 中可以定义一个顶级的 gmetad 进程，汇总/拉取多个 gmond、子 gmetad 提交的数据，部署 Web front，将顶级 gmetad 采集的数据用图表展示出来。

Ganglia 工作原理如图 4-9 和图 4-10 所示，每个被检测的节点或集群运行一个 gmond 进程，进行监控数据的收集、汇总和发送。gmond 既可以作为发送者（收集本机数据），也可以作为接收者（汇总多个节点的数据）。通常在整个监控体系中只有一个 gmetad 进程。该进程定期检查所有的 gmonds，主动收集数据，并存储在 RRD 存储引擎中。ganglia-web 是使用 PHP 编写的 Web 界面，以图表的方式展现存储在 RRD 中的数据。通常与 gmetad 进程运行在一起。

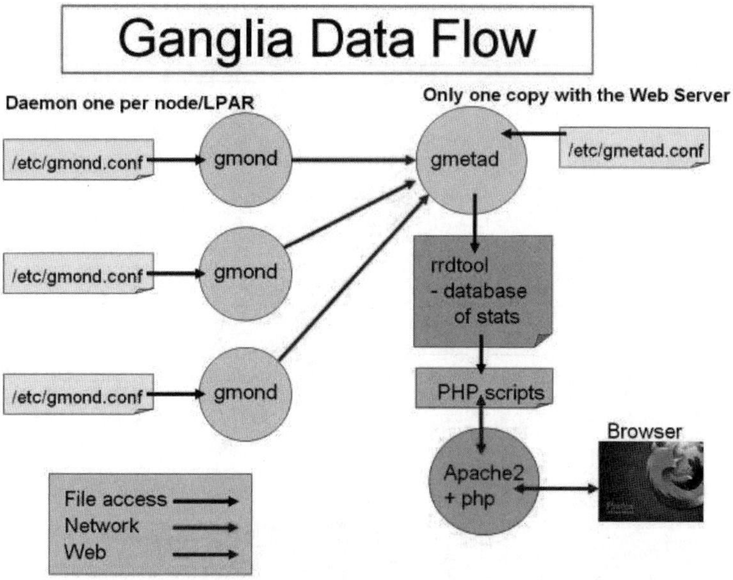

图 4-9 Ganglia 工作原理（1）

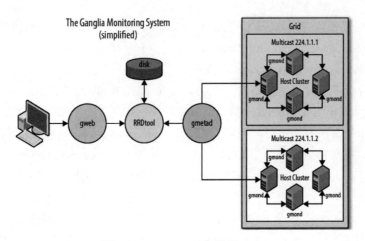

图 4-10 Ganglia 工作原理（2）

Ganglia 可监控各种指标，包括内存、CPU、I/O、网络、进程等，其监控页面分别如图 4-11 和图 4-12 所示。

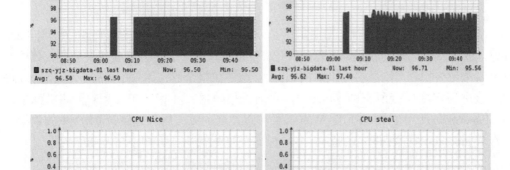

图 4-11 Ganglia 监控页面（1）

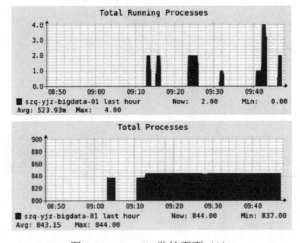

图 4-12 Ganglia 监控页面（2）

4.2.5 其他监控工具

其他常用监控工具还有 Dr.Elephant、nagios、eBay Eagle 等。图 4-13 所示为 Dr.Elephant 的监控页面，非常直观地显示了内存性能问题，并给出了内存优化建议，也是一个非常实用的工具。

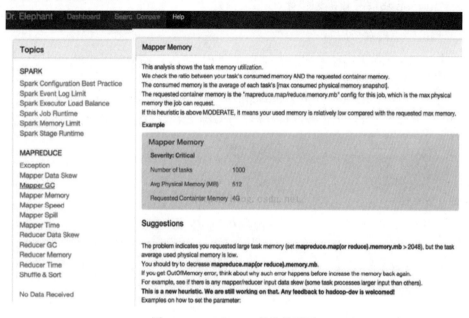

图 4-13　Dr.Elephant 的监控页面

4.3　性能优化

4.3.1　Hadoop 集群配置规划优化

1. Hadoop 硬件配置规划优化

硬件配置的优化主要基于以下几个方面。

- ❑　机架：节点平均分布在机架之间，可以提高读操作性能，并提高数据可用性；节点副本存储在同一机架，可提高写操作性能。Hadoop 默认存储 3 份副本，其中两份存储在同一机架上，另一份在另一机架上。
- ❑　主机：Master 机器配置高于 Slave 机器配置。
- ❑　磁盘：存放数据做计算的磁盘可以做 RAID 0，或考虑冗余保护需要做 RAID 0+1，以提高磁盘 I/O 并行度。

由于磁盘 I/O 的速度是比较慢的，如果一个进程的内存空间不足，它会将内存中的部分数据暂时写到磁盘，当需要时，再把磁盘上面的数据写到内存上。因此可以设置合理的预读缓冲区大小来提高 Hadoop 里面大文件按顺序读的性能，以此来提高 I/O 性能。

- ❑　网卡：多网卡绑定，做负载均衡或者主备冗余保护。

2．操作系统规划优化

以下合理规划对文件系统的性能提升会有较大帮助。

Cache mode、I/O scheduler、调度参数、文件块大小、inode 大小、日志功能、文件时间戳方式、同步或异步 I/O、writeback 模式等规划。

3．Hadoop 集群配置规划优化

1）集群节点内存分配

例如，一个数据节点，假如 task 并行度为 p，单个任务内存开销为 m GB，则节点内存配置如下。

$$m×4 \text{ (DataNode)}+m×2 \text{ (NodeManager)}+ m×4 \text{ (ZooKeeper)}+ m×p$$

例子：并行度为 8，单任务内存开销为 1 GB，则节点内存可配置为 18 GB。

2）集群节点规模

假如每天产生的大数据容量为 d TB，需保存 t 个月，每个节点硬盘容量为 h TB，Hadoop 数据副本数为 k（通常为 3），硬盘最佳利用率为 R（常取 70%），则配置的节点数 n 可计算如下。

$$n=d×k×t×30/h/R$$

例子：如果每天产生的大数据容量为 1 TB，需保存 1 个月，每个节点硬盘容量为 2 TB，Hadoop 数据副本数 k 为 3，硬盘最佳利用率为 70%，则节点数 n 计算如下。

$n=1×3×1×30/2/70\%$，约为 64

4.3.2 Hadoop 性能优化

下面介绍 Hadoop 层面的性能优化措施。

1．内存优化

1）NameNode、DataNode 内存调整

在 \$HADOOP_HOME/etc/hadoop/hadoop-env.sh 配置文件中，设置 NameNode、DataNode 的守护进程内存分配可参照如下方案。

HADOOP_NAMENODE_OPTS：Hadoop 对应的命名空间节点设置参数。

```
export
HADOOP_NAMENODE_OPTS="-Xmx512m-Xms512m -Dhadoop.security.logger=${HADOOP_
SECURITY_LOGGER:-INFO,RFAS} -Dhdfs.audit.logger=${HDFS_AUDIT_LOGGER:-INFO,
NullAppender} $HADOOP_NAMENODE_OPTS"
```

即将内存分配设置成 512 MB。

HADOOP_DATANODE_OPTS：Hadoop 对应的数据节点设置参数。

```
DataNode：
export HADOOP_DATANODE_OPTS="-Xmx256m -Xms256m -Dhadoop.security.logger=
ERROR,RFAS $HADOOP_DATANODE_OPTS"
```

即将内存分配设置成 256 MB。

注意：-Xmx、-Xms 这两个参数保持相等，可以防止 JVM 在每次垃圾回收完成后重新分配内存。

2）ResourceManager、NodeManager 内存调整

在$HADOOP_HOME/etc/hadoop/yarn-env.sh 配置文件中，设置内存分配如下，可以修改其中内存设置值。

YARN_RESOURCEMANAGER_HEAPSIZE：YARN 资源管理堆空间大小。

YARN_RESOURCEMANAGER_OPTS：YARN 资源管理设置参数。

```
ResourceManager：
export    YARN_RESOURCEMANAGER_HEAPSIZE=1000    export YARN_RESOURCEMAN
AGER_OPTS=""
```

即将内存分配设置成 1000 MB。

YARN_RESOURCEMANAGER_HEAPSIZE：YARN 资源命名空间节点堆大小。

YARN_RESOURCEMANAGER_OPTS：YARN 资源管理命名空间节点设置参数。

```
NodeManager：
export YARN_NODEMANAGER_HEAPSIZE=1000
export YARN_NODEMANAGER_OPTS=""
```

即将内存分配设置成 1000 MB。

3）Task、Job 内存调整

在$HADOOP_HOME/etc/hadoop/yarn-site.xml 文件中进行以下配置。

```
yarn.scheduler.maximum-allocation-mb
```

其中设置了单个可申请的最小/最大内存量。默认值为 1024 MB/8192 MB。

```
yarn.nodemanager.resource.memory-mb
```

总的可用物理内存量，默认值为 8096 MB。

对于 MapReduce 而言，每个作业的内存量可通过以下参数设置。

```
mapreduce.map.memory.mb：
```

设置物理内存量，默认值为 1024 MB。

2．配置多个 MapReduce 工作目录，提高 I/O 性能

在以下配置文件中设置相关参数，达到分散 I/O、提高 I/O 性能的目的。

```
$HADOOP_HOME/etc/hadoop/yarn-site.xml #对应文件及目录
```

yarn.nodemanager.local-dirs：存放中间结果。

yarn.nodemanager.log-dirs：存放日志。

```
$HADOOP_HOME/etc/hadoop/mapred-site.xml #对应文件及目录
```

mapreduce.cluster.local.dir：MapReduce 的缓存数据存储在文件系统中的位置。

$HADOOP_HOME/etc/hadoop/hdfs-site.xml：提供多个备份以提高可用性。

dfs.namenode.name.dir：HDFS 格式化 namenode 时生成的 nametable 元文件的存储目录。

dfs.namenode.edits.dir：HDFS 格式化 namenode 时生成的 edits 元文件的存储目录。

dfs.datanode.data.dir：存放数据块（dateblock）的目录。

多个目录之间以","分开，如下所示。

```
/data1/dfs/name,/data2/dfs/name, /data3/dfs/name #对应文件及目录
```

3．压缩 MapReduce 中间结果，提高 I/O 性能

由于 HDFS 存储多个副本，为避免大量硬盘 I/O 或网络传输的开销，可以压缩 MapReduce 中间结果，以提高性能。

配置$HADOOP_HOME/etc/hadoop/mapred-site.xml 文件。

```
<property>#设置 MapReduce 输出结果是否压缩
 <name>mapreduce.map.output.compress</name>
 <value>true</value>
</property>
<property> #设置 MapReduce 压缩机制
<name>mapreduce.map.output.compress.codec</name>
<value>org.apache.hadoop.io.compress.SnappyCodec</value>
</property>
```

表 4-1 列出了各压缩技术的对比结果。

表 4-1　压缩技术比较

压 缩 格 式	split	native	压 缩 率	速 度	Hadoop 自带	Linux 命令	换成压缩格式后，原来的应用程序是否要修改
Gzip	否	是	很高	比较快	是	有	和文本处理一样，不需要修改
LZO	是	是	比较高	很快	否	有	需要建索引，还需要指定输入格式
Snappy	否	是	比较高	很快	否	没有	和文本处理一样，不需要修改
Bzip2	是	否	最高	慢	是	有	和文本处理一样，不需要修改

其他 MapReduce 参数调优描述如下。

（1）mapred.reduce.tasks（mapreduce.job.reduces）。

默认值：1。

说明：默认启动的 reduce 数。通过该参数可以手动修改 reduce 的个数。

（2）mapreduce.task.io.sort.factor。

默认值：10。

说明：Reduce Task 中合并小文件时一次合并的文件数据，每次合并时选择最小的前 10 进行合并。

（3）mapreduce.task.io.sort.mb。

默认值：100。

说明：Map Task 缓冲区所占内存大小。

（4）mapred.child.java.opts。

默认值：-Xmx200m。

说明：JVM 启动的子线程可以使用的最大内存。建议值为-XX:-UseGCOverheadLimit -Xms512m -Xmx2048m -verbose:gc -Xloggc:/tmp/@taskid@.gc。

（5）mapreduce.jobtracker.handler.count。

默认值：10。

说明：JobTracker 可以启动的线程数，一般为 tasktracker 节点的 4%。

（6）mapreduce.reduce.shuffle.parallelcopies。

默认值：5。

说明：reuduce shuffle 阶段并行传输数据的数量。这里改为 10。集群大可以增大。

（7）mapreduce.tasktracker.http.threads。

默认值：40。

说明：map 和 reduce 是通过 HTTP 进行数据传输的，这个是设置传输的并行线程数。

（8）mapreduce.map.output.compress。

默认值：false。

说明：map 输出是否进行压缩，如果压缩就会多耗 CPU，但是减少传输时间，如果不压缩，就需要较多的传输带宽。配合 mapreduce.map.output.compress.codec 使用，默认是 org.apache.hadoop.io.compress.DefaultCodec，可以根据需要设定数据压缩方式。

（9）mapreduce.reduce.shuffle.merge.percent。

默认值：0.66。

说明：reduce 归并接收 map 的输出数据可占用的内存配置百分比。

（10）mapreduce.reduce.shuffle.memory.limit.percent。

默认值：0.25。

说明：一个单一的 shuffle 的最大内存使用限制。

（11）mapreduce.jobtracker.handler.count。

默认值：10。

说明：可并发处理来自 tasktracker 的 RPC 请求数。

（12）mapred.job.reuse.jvm.num.tasks（mapreduce.job.jvm.numtasks）。

默认值：1。

说明：一个 JVM 可连续启动多个同类型任务，若值为-1 表示不受限制。

（13）mapreduce.tasktracker.tasks.reduce.maximum。

默认值：2

说明：一个 tasktracker 并发执行的 reduce 数，建议为 CPU 的核数。

其中，mapreduce.map.output.compress.codec 指定压缩算法。根据性能提高目标，选择压缩算法。

（14）希望提高 CPU 的处理性能，可以更换速度快的压缩算法，如 Snappy。

（15）希望提高磁盘的 I/O 性能，可以更换压缩力度大的压缩算法，如 Bzip2。

（16）希望提高均衡性能，可使用 LZO、Gzip 压缩。

4．调整虚拟 CPU 个数

设置单个可申请的最小/最大虚拟 CPU 个数。例如设置为 2 和 8，则运行 MapReduce

作业时，每个 Task 最少可申请虚拟 CPU 数量为 2～8。

默认值分别为 1 和 32。

> yarn.nodemanager.resource.cpu-vcores：

设置总的可用 CPU 数目。默认值为 8。

对于 MapReduce 而言，每个作业的虚拟 CPU 数可通过以下参数设置。

> mapreduce.map.cpu.vcores：

CPU 数目默认值为 1。

5．其他优化常用技巧

以下技巧也是常用的改善性能的实用方法。

（1）在 Map 节点使用 Combiner，将多个 Map 输出合并成一个，减少输出结果。

（2）HDFS 文件系统中避免大量小文件存在。

相对于大量的小文件，Hadoop 更适合于处理少量的大文件。如果文件很小且文件数量很多，那么每次 Map 任务只处理很少的输入数据，每次 Map 操作都会造成额外的开销。配置文件地址如下。

> $HADOOP_HOME/etc/hadoop/mapred-site.xml：

mapreduce.input.fileinputformat.split.minsize，控制 Map 任务输入划分的最小字节数。默认值为 0。

大量小文件优化方法：用 org.apache.hadoop.mapreduce.lib.input.CombineFileInputFormat 把多个文件合并到一个分片中，使每个 mapper 可以处理更多的数据。在决定哪些块放入同一个分片时，CombineFileInputFormat 将考虑节点和机架的因素，以实现资源开销最小化。

（3）调整以下参数可以调整 Map、Reduce 任务并发数量。

```
mapred.map.tasks      #决定同时 map 的任务数量
mapred.min.split.size #map 过程中分割块最小大小
mapred.max.split.size#map 过程中分割块最大大小
dfs.blocksize #HDFS 块大小
mapred.reduce.tasks#决定同时 reduce 的任务数量
```

4.3.3　作业优化

在经过以上 Hadoop 性能优化后，如果对作业运行还有加快的需求，则采用以下优化方法可以进一步提升作业运行性能。

1．减少作业时间

检查每个 mapper 的平均运行时间，如果发现 mapper 运行时间过短（如每个 mapper 运行≤10 s），说明 mapper 没有得到良好的利用，需要减少 mapper 的数量使 mapper 运行更长的时间，以减少整个作业执行时间。

例如，提交运行 pi 作业，map 达到 32 时：

```
Estimated value of Pi is 3.15000000000000000000
[root@slave2      hadoop]#      bin/hadoop      jar      share/hadoop/mapreduce/hadoop-
mapreduce-examples-2.7.1.jar pi 32 10 #执行 MapReduce 官方样例
Number of Maps    = 32
Samples per Map = 10
17/05/30 20:39:36 WARN util.NativeCodeLoader: Unable to load native-hadoop library for your
platform... using builtin-java classes where applicable
Wrote input for Map #0
Wrote input for Map #1
Wrote input for Map #2
Wrote input for Map #3
Wrote input for Map #4
Wrote input for Map #5
Wrote input for Map #6
Wrote input for Map #7
Wrote input for Map #8
Wrote input for Map #9
Wrote input for Map #10
Wrote input for Map #11
Wrote input for Map #12
Wrote input for Map #13
Wrote input for Map #14
Wrote input for Map #15
Wrote input for Map #16
Wrote input for Map #17
Wrote input for Map #18
Wrote input for Map #19
Wrote input for Map #20
Wrote input for Map #21
Wrote input for Map #22
Wrote input for Map #23
Wrote input for Map #24
Wrote input for Map #25
Wrote input for Map #26
Wrote input for Map #27
Wrote input for Map #28
Wrote input for Map #29
Wrote input for Map #30
Wrote input for Map #31
Starting Job #开始任务
#连接到 RM 主服务商
17/05/30   20:39:38   INFO   client.RMProxy:   Connecting   to   ResourceManager   at
master/10.30.248.5:8032
#拆分读取任务
17/05/30 20:39:38 INFO input.FileInputFormat: Total input paths to process : 32
```

```
17/05/30 20:39:38 INFO mapreduce.JobSubmitter: number of splits:32
17/05/30   20:39:39   INFO   mapreduce.JobSubmitter:   Submitting   tokens   for   job:
job_1495286256909_0026
17/05/30   20:39:39   INFO   impl.YarnClientImpl:   Submitted   application   application_
1495286256909_0026
17/05/30   20:39:39   INFO   mapreduce.Job:   The   url   to   track   the   job:   http://master:
8088/proxy/application_1495286256909_0026/
#执行任务
17/05/30 20:39:39 INFO mapreduce.Job: Running job: job_1495286256909_ 0026
#以 Uber 模式运行 MR 作业
17/05/30   20:39:46   INFO   mapreduce.Job:   Job   job_1495286256909_0026   running   in   uber
mode : false
#MapReduce 执行任务进度显示
17/05/30 20:39:46 INFO mapreduce.Job:   map 0% reduce 0%
17/05/30 20:40:05 INFO mapreduce.Job:   map 9% reduce 0%
17/05/30 20:40:06 INFO mapreduce.Job:   map 19% reduce 0%
17/05/30 20:40:15 INFO mapreduce.Job:   map 22% reduce 0%
17/05/30 20:40:16 INFO mapreduce.Job:   map 28% reduce 0%
17/05/30 20:40:17 INFO mapreduce.Job:   map 31% reduce 0%
17/05/30 20:40:18 INFO mapreduce.Job:   map 38% reduce 0%
17/05/30 20:40:23 INFO mapreduce.Job:   map 44% reduce 0%
17/05/30 20:40:26 INFO mapreduce.Job:   map 47% reduce 15%
17/05/30 20:40:28 INFO mapreduce.Job:   map 50% reduce 15%
17/05/30 20:40:29 INFO mapreduce.Job:   map 53% reduce 17%
17/05/30 20:40:30 INFO mapreduce.Job:   map 59% reduce 17%
17/05/30 20:40:33 INFO mapreduce.Job:   map 59% reduce 20%
17/05/30 20:40:34 INFO mapreduce.Job:   map 63% reduce 20%
17/05/30 20:40:35 INFO mapreduce.Job:   map 69% reduce 21%
17/05/30 20:40:36 INFO mapreduce.Job:   map 72% reduce 21%
17/05/30 20:40:38 INFO mapreduce.Job:   map 75% reduce 25%
17/05/30 20:40:41 INFO mapreduce.Job:   map 78% reduce 25%
17/05/30 20:40:42 INFO mapreduce.Job:   map 84% reduce 26%
17/05/30 20:40:44 INFO mapreduce.Job:   map 88% reduce 26%
17/05/30 20:40:46 INFO mapreduce.Job:   map 91% reduce 28%
17/05/30 20:40:48 INFO mapreduce.Job:   map 97% reduce 28%
17/05/30 20:40:49 INFO mapreduce.Job:   map 100% reduce 30%
17/05/30 20:40:50 INFO mapreduce.Job:   map 100% reduce 100%
#任务执行完成
17/05/30   20:40:51   INFO   mapreduce.Job:   Job   job_1495286256909_0026   completed
successfully
17/05/30 20:40:51 INFO mapreduce.Job: Counters: 49
#显示统计结果
#文件系统统计
  File System Counters
    FILE: Number of bytes read=710
    FILE: Number of bytes written=3820333
    FILE: Number of read operations=0
```

```
    FILE: Number of large read operations=0
    FILE: Number of write operations=0
    HDFS: Number of bytes read=8342
    HDFS: Number of bytes written=215
    HDFS: Number of read operations=131
    HDFS: Number of large read operations=0
    HDFS: Number of write operations=3
#任务统计
  Job Counters
    Launched map tasks=32
    Launched reduce tasks=1
    Data-local map tasks=32
    Total time spent by all maps in occupied slots (ms)=287274
    Total time spent by all reduces in occupied slots (ms)=33834
    Total time spent by all map tasks (ms)=287274
    Total time spent by all reduce tasks (ms)=33834
    Total vcore-seconds taken by all map tasks=287274
    Total vcore-seconds taken by all reduce tasks=33834
    Total megabyte-seconds taken by all map tasks=294168576
    Total megabyte-seconds taken by all reduce tasks=34646016
#MapReduce 框架统计
  Map-Reduce Framework
    Map input records=32
    Map output records=64
    Map output bytes=576
    Map output materialized bytes=896
    Input split bytes=4566
    Combine input records=0
    Combine output records=0
    Reduce input groups=2
    Reduce shuffle bytes=896
    Reduce input records=64
    Reduce output records=0
    Spilled Records=128
    Shuffled Maps =32
    Failed Shuffles=0
    Merged Map outputs=32
    GC time elapsed (ms)=12259
    CPU time spent (ms)=100360
    Physical memory (bytes) snapshot=6525378560
    Virtual memory (bytes) snapshot=28322742272
    Total committed heap usage (bytes)=6643777536
#MapReduce Shuffle 阶段报错统计
  Shuffle Errors
    BAD_ID=0
    CONNECTION=0
    IO_ERROR=0
```

```
  WRONG_LENGTH=0
  WRONG_MAP=0
  WRONG_REDUCE=0
#文件输入
  File Input Format Counters
    Bytes Read=3776
#文件输出
  File Output Format Counters
    Bytes Written=97
#任务总耗时
Job Finished in 73.108 seconds
#任务执行结果
Estimated value of Pi is 3.16250000000000000000
```

作业运行的监控界面如图 4-14 所示。

图 4-14　作业的运行时间及状态的监控界面（1）

其中，调度使用的计算能力达到 100%，container 可达 7 个，运行作业时间为 73.108 s。把 map 减少为 2 时：

```
[root@slave2 hadoop]# bin/hadoop jar share/hadoop/mapreduce/hadoop-mapreduce-examples-
2.7.1.jar pi 2 10
Number of Maps    = 2
Samples per Map = 10
17/05/30 17:09:54 WARN util.NativeCodeLoader: Unable to load native-hadoop library for your
platform... using builtin-java classes where applicable
Wrote input for Map #0
Wrote input for Map #1
Starting Job
17/05/30   17:09:55   INFO   client.RMProxy:   Connecting   to   ResourceManager   at
```

master/10.30.248.5:8032

17/05/30 17:09:56 INFO input.FileInputFormat: Total input paths to process : 2

17/05/30 17:09:56 INFO mapreduce.JobSubmitter: number of splits:2

17/05/30 17:09:56 INFO mapreduce.JobSubmitter: Submitting tokens for job: job_1495286256909_0023

17/05/30 17:09:56 INFO impl.YarnClientImpl: Submitted application application_ 1495286256909_0023

17/05/30 17:09:56 INFO mapreduce.Job: The url to track the job: http://master: 8088/proxy/application_1495286256909_0023/

17/05/30 17:09:56 INFO mapreduce.Job: Running job: job_1495286256909_0023

17/05/30 17:10:02 INFO mapreduce.Job: Job job_1495286256909_0023 running in uber mode : false

17/05/30 17:10:02 INFO mapreduce.Job:　map 0% reduce 0%

17/05/30 17:10:10 INFO mapreduce.Job:　map 100% reduce 0%

17/05/30 17:10:17 INFO mapreduce.Job:　map 100% reduce 100%

17/05/30 17:10:17 INFO mapreduce.Job: Job job_1495286256909_0023 completed successfully

17/05/30 17:10:17 INFO mapreduce.Job: Counters: 49

  File System Counters

    FILE: Number of bytes read=50

    FILE: Number of bytes written=347211

    FILE: Number of read operations=0

    FILE: Number of large read operations=0

    FILE: Number of write operations=0

    HDFS: Number of bytes read=522

    HDFS: Number of bytes written=215

    HDFS: Number of read operations=11

    HDFS: Number of large read operations=0

    HDFS: Number of write operations=3

  Job Counters

    Launched map tasks=2

    Launched reduce tasks=1

    Data-local map tasks=2

    Total time spent by all maps in occupied slots (ms)=11113

    Total time spent by all reduces in occupied slots (ms)=4195

    Total time spent by all map tasks (ms)=11113

    Total time spent by all reduce tasks (ms)=4195

    Total vcore-seconds taken by all map tasks=11113

    Total vcore-seconds taken by all reduce tasks=4195

    Total megabyte-seconds taken by all map tasks=11379712

    Total megabyte-seconds taken by all reduce tasks=4295680

  Map-Reduce Framework

    Map input records=2

    Map output records=4

    Map output bytes=36

    Map output materialized bytes=56

    Input split bytes=286

```
    Combine input records=0
    Combine output records=0
    Reduce input groups=2
    Reduce shuffle bytes=56
    Reduce input records=4
    Reduce output records=0
    Spilled Records=8
    Shuffled Maps =2
    Failed Shuffles=0
    Merged Map outputs=2
    GC time elapsed (ms)=293
    CPU time spent (ms)=4960
    Physical memory (bytes) snapshot=594358272
    Virtual memory (bytes) snapshot=2585853952
    Total committed heap usage (bytes)=603979776
  Shuffle Errors
    BAD_ID=0
    CONNECTION=0
    IO_ERROR=0
    WRONG_LENGTH=0
    WRONG_MAP=0
    WRONG_REDUCE=0
  File Input Format Counters
    Bytes Read=236
  File Output Format Counters
    Bytes Written=97
Job Finished in 21.906 seconds
Estimated value of Pi is 3.80000000000000000000
```

监控页面如图 4-15 所示。

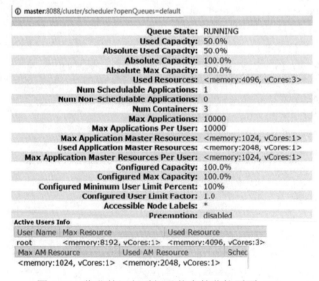

图 4-15 作业的运行时间及状态的监控页面（2）

其中，调度使用的计算能力只需 50%，container 使用 3 个即可，运行作业时间为 21.906 s。

2．调节节点任务

如果任务数远小于集群可以同时运行的最大任务数，可以把调度策略从 capacity scheduler 修改为 fair scheduler，使各个节点的任务数接近平衡。在默认情况下，资源调度器在一个心跳周期会尽可能多地分配任务给前面的节点，先发送心跳的节点将领到较多任务。

修改参数如下。

```
$HADOOP_HOME/etc/hadoop/yarn-site.xml 配置文件中的 yarn.scheduler
fair.max.assign 设置为 1（默认是-1）
```

3．优化 shuffle，提高 map/reduce 作业性能

Hadoop 把 map 的输出结果和元数据存入内存环形缓冲区，默认为 100 MB。对于大集群，可以增加，如设为 200 MB。当缓冲区达到一定阈值，如 80%，会启动一个后台线程来对缓冲区的内容进行排序，然后写入本地磁盘（一个 spill 文件）。

```
$HADOOP_HOME/etc/hadoop/mapred-site.xml：
mapreduce.task.io.sort.mb
```

默认值为 100 MB。

```
mapreduce.map.sort.spill.percent
```

默认值为 0.8 MB。

```
mapreduce.task.io.sort.factor
```

map 结果传到本地时，需要做合并 merge。增加它可增加 merge 的并发吞吐，从而提高 reduce I/O 性能。

默认值：10 个。

4．代码优化

复用 Writables（Reuse Writables）。

在代码中使用 new Text 或 new IntWritable 时，如果它们出现在一个内部循环或是 map/reduce 方法的内部，则要避免在一个 map/reduce 方法中为每个输出都创建 Writable 对象。

例如以下 Java 代码。

```java
for (String word : words) {
 output.collect(new Text(word), new IntWritable(1));
}
```

这种代码对性能的影响是：会导致程序分配出成千上万个短周期的对象，给 Java 垃圾收集器带来较大负担，大大影响性能。

性能改进方法：把 new Text、new IntWritable 放到循环外。

Hadoop 是个不断进化完善的生态系统。更多的性能优化方法有待学习者在实践中总结提炼。

4.4　作业与练习

1．请列出 3 个以上主要性能因子。
2．请列出 5 个以上主要性能指标并说明其代表的含义。
3．请列出 3 个以上主要性能监测工具并说明它的运用方法。
4．Hadoop 集群配置规划优化可以采取哪些措施？
5．请说明 Hadoop 集群优化的 5 个技巧。
6．如何调整 map 任务数目？请比较调整 map 任务数的运行效果。
7．如何修改调度策略？

参考文献

[1] 刘鹏．大数据[M]．北京：电子工业出版社，2017.
[2] 刘鹏．大数据实验手册[M]．北京：电子工业出版社，2017.

第 5 章

安全管理

数据是企业或者其他组织的核心资产，一些新兴的互联网科技公司如 Facebook、阿里巴巴拥有用户的大量数据，对这些数据进行分析的价值甚超过了其主要营收业务的价值。在享受大数据分析便利和效果的同时，也必须注重安全管理，保护核心资产的保密性、完整性和可用性。

本章将介绍信息安全的基础概念和基础内容，包括安全管理、资产安全、应用安全、威胁管理、安全措施，通过引入一些案例提升读者的安全意识。此外，将重点对大数据系统的应用安全和数据安全进行介绍。

5.1 安全概述

安全管理的主要目标是保障系统的安全和稳定运行，以及资产的保密性、完整性和可用性。

- ❑ 保密性是指对数据的访问限制，只有被授权的人才能使用。
- ❑ 完整性特别是与数据相关的完整性，指的是保证数据没有在未经授权的方式下改变。
- ❑ 可用性是指计算机服务时间内，确保服务的可用（关于可用性的管理详见第 6 章）。

在 ISO 中，信息安全的定义是在技术上和管理上为数据处理系统建立的安全保护，保护计算机硬件、软件和数据不因偶然和恶意的原因而遭到破坏、更改和泄漏。

互联网诞生以来，黑客和攻击伴随而来，有关信息安全的问题一直呈现上升态势。

近十几年来，随着相关软硬件技术的发展，安全管理相关的技术越来越强，如代码扫描和漏洞检测工具的成熟、日志数据分析的智能化、防火墙和网络安全相关软件的性能增强、HTTPS 协议的广泛应用等，但是风险和威胁仍然没有消除，如何创建并且维护一个安全的系统，仍然是每一个从业者不得不考虑的问题。

5.2   资产安全管理

5.2.1   环境设施安全

环境可以分为服务器机房环境和日常终端办公环境，但无论是何种环境，我们都需要遵循以下规则去进行权限细化。细化的过程首先是对环境最小颗粒度的拆分，按照功能把每个环境拆分成多个很小的功能区域，每个区域设置对应的门禁措施，并给具备相关权限的开发或者管理人员进出权限。

当前应用比较广泛的门禁系统主要分为卡片式、密码式、生物特征式和混合式。对于卡片式的门禁系统，进入人员需要持卡刷卡进出权限环境；对于密码式的门禁系统，人员凭借提前配置好的密码进出权限环境；生物特征式的门禁系统就如字面意思，人员可以通过生物相关的唯一性特征进出权限环境，这类生物相关特征目前比较多的有指纹、虹膜、面部识别等；混合式的门禁系统可能会采取以上所列举的一种或多种认证方式进行组合认证进入场所。而针对非组织内部的相关人员，则要求拥有一套对应的登记机制流程，确保外来人员可以在组织监控下进出相关关键场所。

为了保护重要的电子设备和数据资源，机房防火系统一般都会安装烟雾探测器，在起火点产生明火前发现火警，并且在火势进一步扩大前进行电源截断，使用灭火设备手动灭火。一般在数据中心或者机房场景中，由于有电子元器件会在遇水后发生故障，因此采用气体灭火系统。该系统是将具有灭火能力的气态化合物通过自动或者手动的方式释放到火灾发生区域。主要使用的气态化合物有二氧化碳、七氟丙烷、三氟甲烷、烟烙烬等。另外需要注意的是，数据中心还应该安装适当的防火墙，这样可以使火源控制在局部范围内而不会进一步扩大，从而把火灾的损失降到最低。除了防火系统，防水、防雷、防鼠患等措施也需要同步考虑到环境防护因素中。

视频监控也是一个常用的安全管控手段，在关键的通道、入口处安装相应监控设备，通过实时监控的方式获取对应环境的实际情况，并根据存储容量及时归档监控视频的内容，方便后期随时查询。监控的内容除了图像，还应包括环境的温度、湿度、电力工作情况等。

5.2.2   设备安全

常见的设备管理措施首先是对所有设备的统计登记和编号，然后是在设备发生变化时及时进行设备信息的维护。变化场景主要有设备的购入、报修、报废、迁移、升级调整等，另外每年都需要重新对所有设备信息进行定期的审计复核，确保数据的准确。目前，已经有二维码或者 RFID 内置的标签，可以粘贴在各种设备的物理表面，也有自动化的物理机架可以直接配合对应的设备管理系统对物理硬件设备进行信息化管理。

5.3 应用安全

5.3.1 技术安全

1. 安全漏洞

随着软件技术的发展，对系统、网络、物理方面应用层的入侵手段逐步增多，而入侵的门槛也同步变低。同时，应用由于自身需求的不断变化而快速迭代，来自应用层的攻击问题凸显出来。OWASP 根据攻击向量、技术影响、漏洞可检测性、漏洞普遍性几个维度的评估，列出了十大 Web 应用漏洞，如表 5-1 所示。

表 5-1 OWASP 十大 Web 安全漏洞

漏　洞	概　　述
注入	注入攻击漏洞，例如 SQL、OS 以及 LDAP 注入。这些攻击发生在当不可信的数据作为命令或者查询语句的一部分，被发送给解释器时。攻击者发送的恶意数据可以欺骗解释器，以执行计划外的命令或者在未被恰当授权时访问数据
失效的身份认证和会话管理	与身份认证和会话管理相关的应用程序功能往往得不到正确的实现，这就导致了攻击者破坏密码、密钥、会话令牌，或攻击其他的漏洞去冒充其他用户的身份（暂时或永久的）
跨站脚本攻击（XSS）	当应用程序收到含有不可信的数据，在没有进行适当的验证和转义的情况下，就将它发送给一个网页浏览器，或者使用可以创建 JavaScript 脚本的浏览器 API，利用用户提供的数据更新现有网页，这就会产生跨站脚本攻击。XSS 允许攻击者在受害者的浏览器上执行脚本，从而劫持用户会话、危害网站或者将用户重定向到恶意网站
失效的访问控制	对于通过认证的用户所能够执行的操作，缺乏有效的限制。攻击者可以利用这些缺陷访问未经授权的功能和/或数据，例如访问其他用户的账户、查看敏感文件、修改其他用户的数据、更改访问权限等
安全配置错误	由于许多设置的默认值并不是安全的，因此，必须定义、实施和维护这些设置。此外，所有的软件都应该保持及时更新
敏感信息泄露	许多 Web 应用程序和 API 没有正确保护敏感数据，如财务、医疗保健和 PII。攻击者可能会窃取或篡改此类弱保护的数据，进行信用卡欺骗、身份窃取或其他犯罪行为。敏感数据应该具有额外的保护，例如在存放或在传输过程中的加密，以及与浏览器交换时进行特殊的预防措施
攻击检测与防护不足	大多数应用和 API 缺乏检测、预防和响应手动或自动化攻击的能力。攻击保护措施不限于基本输入验证，还应具备自动检测、记录和响应，甚至阻止攻击的能力。应用所有者还应能够快速部署安全补丁以防御攻击
跨站请求伪造（CSRF）	一个跨站请求伪造攻击迫使登录用户的浏览器将伪造的 HTTP 请求，包括受害者的会话 Cookie 和所有其他自动填充的身份认证信息，发送到一个存在漏洞的 Web 应用程序

漏　洞	概　　述
使用含有已知漏洞的组件	组件，如库文件、框架和其他软件模块，具有与应用程序相同的权限。如果一个带有漏洞的组件被利用，这种攻击可以促成严重的数据丢失或服务器接管。应用程序和 API 使用带有已知漏洞的组件可能会破坏应用程序的防御系统，并使一系列可能的攻击和影响成为可能
未受有效保护的 API	现代应用程序通常涉及丰富的客户端应用程序和 API，如浏览器和移动 App 中的 JavaScript，其与某类 API（SOAP/XML、REST/JSON、RPC、GWT 等）连接。这些 API 通常是不受保护的，并且包含许多漏洞

2. 安全开发

从应用自身角度出发，如果是应用代码本身产生的漏洞，那么在代码层加固或者编码时就解决漏洞无疑是最根本有效的方法。这就对系统的设计阶段提出了要求。

（1）设计完整的认证和授权。在设计和开发应用程序时，常常首先会定义认证和授权模块，使用认证和授权技术对使用的用户进行身份认证和权限的授予。认证是对用户身份的甄别，通过对用户的登录账号与密码进行验证匹配，判定用户是否有权限进入或者获取系统相关的服务功能。为了遵循安全性和便捷性的要求，也可以通过生物标识、统一认证、客户端证书认证、动态口令复核的方式进行用户身份认证。认证的完成其实只是授权认证的基础，只是标识用户具备了访问和登录的权限，接下来是对用户权限的查询与赋权。

由于 Web 应用中的用户众多，大部分的 Web 应用权限系统的设计都会采用 RBAC（role-bases access control）模型。这是一种基于角色进行应用环境访问的权限控制策略。

系统会在预定义配置中划分出几类用户角色的赋权，这里的角色可以理解为具备同类行为和责任范围的一组权限共同组。只要把角色赋予用户，就可以使用户具备与角色等同的授权内容，而不用特定关心具体是哪一个用户。当然用户也可以同时包含多个角色，从而获得一个可配置的复杂角色身份。一个用户可以拥有多个角色，而一个角色也可以囊括多个使用用户。角色访问控制的优点显而易见：便于授权管理和赋权；便于按照工作和业务进行权限分级，责任独立可控；便于文件的分级管理且适合大规模实现。角色访问是一种有效而灵活的安全措施，系统管理模式明确，可以节约管理开销。

在具体的系统设计和实现中，还有两个重点问题：权限信息的存储和权限的校验。在权限控制模块中，需要用到和管理的信息有：系统的所有角色、系统的所有用户、系统所有的功能、系统所有的资源、用户跟角色之间的关系、角色跟功能之间的关系、角色跟资源之间的关系或者用户跟资源之间的关系。对这些数据的缓存手段也有很多种，比较通用的就是数据库的存储，当然使用 LDAP 服务器、XML 文件来存储权限也很常见。有了对权限信息的存储，用户对权限的获取就变得可行。

针对这些权限下的资源的校验，主要包含功能校验权限和数据校验权限两个方面。功能校验权限是指用户是否可以执行或者使用该项功能或者服务；而数据校验则是判定用户是否能访问某块数据区域。这两者在用户使用系统时可以说是缺一不可。在进行权限的校验时也要注意对登录用户的数据缓存，减少在服务使用时频繁地进行权限查询和用户查询，这会导致服务本身之外的系统开销，影响系统的性能。要能够保证在权限校验覆盖没有问题的情况下选择更简单、有效的校验方式，从而在设计阶段解决类似问题。

除了 RBAC 模型，还有一些其他的权限控制方式可以控制用户权限。例如当数据的访问权限非常复杂时，会使用 ACL 的方式；而在一些系统中，用户的权限是随着用户的状态和上下文变化的，这时就要使用基于用户属性的权限控制方式，通过逻辑计算用户的属性，来得到最后的权限信息。

（2）数据过滤。因为暴力危险输入造成的漏洞是危害性最大、影响面最广的。健壮的输入和输出过滤可以大大减少应用受攻击的风险。而 XSS 跨站攻击和 SQL 注入这两个高危风险都是由于没有完善有效的数据过滤或者数据过滤不当引起的。

数据过滤的原则覆盖了输入过滤与输出过滤。输入过滤的不严谨会导致不被期望的代码在服务器端被恶意执行，从而导致系统异常甚至是底层数据的爆破删改；而输出过滤不当则有可能在客户端被植入恶意的 HTML 代码或者 JavaScript 代码。

对输入的过滤可以分为两种：第一种是黑名单限制，第二种是白名单放行。顾名思义，第一种是对错误输入格式的约束，不在约束范围内的即为正确输入；第二种则是对正确输入的囊括，不在囊括范围内的统一进行拦截和决绝。从过滤的方式上看可以很明显地看出，白名单方式比黑名单方式从理论上更加安全。因为前者对输入的范围进行了控制。

（3）敏感信息加密。对于黑客来说，有价值的数据只有读出来才有价值，而保护有价值信息最好的技术之一就是加密。加密是将信息的编码进行杂凑，使不知道密码的人无法获知数据的意义。对于 Web 应用来说，信息的传输和存储都需要加密。在传输层面上，可以使用 HTTPS 协议加密传输有密码、账户等敏感信息的 HTTP 请求或者回复；在服务器端，可以使用 Base64 加密算法对保存在配置文件、数据库的用户密码进行加密存储，以防止密码外泄。

（4）保留审计记录。对用户访问应用中的关键操作应该予以记录，便于日后进行审计。审计记录的内容至少应包括事件日期、时间、发起者信息、类型、描述和结果等。审计的关键操作就是日志的记录。一种流行的日志 API 是 log4j 系列，而且它已经被移植到了 C、C++、C#、Perl、Python、Ruby 和 Eiffel 语言上。

3. 安全测试

自动化测试工具可以自动生成输入参数，并根据反馈结果判断系统是否存在安全漏洞。自动化测试速度快，测试用例可复用以及持久化，能够针对性地排查一些特定安全漏洞，如代码越界、页面注入、远程执行等。但是自动化测试工具也有其局限性，它是根据请求参数（request）所得到的返回结果（response）来提取一些特征，从而发现和识别漏洞的。另外也可以尝试从代码扫描的角度出发，通过代码扫描工具去核查代码中的漏洞问题，如 Sonar，可以直接在服务器上对代码仓库的代码进行定时扫描，也可以在开发工具上直接继承 Sonar 插件实时检查开发过程中的代码。

自动测试工具即使对部分漏洞来说也存在误报、漏报情况，而且其漏洞案例的实时性更新依赖于人工的添加。但是由于其速度快，再结合人工检查确认的方式，可以相对客观地评估应用的安全情况。

4．运维加固

虽然通过后期手段和测试很难完全避免所有的安全漏洞，但是通过测试扫描，剩余的漏洞数量也会大比例地减少，而且安全漏洞本身也依赖于输入以及调用的触发。在架构环境中部署防火墙，在前端及后端定义输入规则，对恶意输入及非法输入进行屏蔽限制，也可以达到对安全漏洞的屏蔽和对恶意输入过滤的目的。

另外，对于整个架构环境中的操作系统、数据库、网络系统等，也要进行定期的扫描和漏洞库更新，及时更新或者升级相关补丁内容。

5.3.2 数据安全

1．存储安全

在 Hadoop 集群中，应用层实现了数据的多客户端存储和备份，每个实例数据都存在 3 个副本存储，任何一个副本出现问题都不会导致数据的完全丢失。如果不具备应用层的数据多点备份能力，那么就要考虑硬件层面的磁盘阵列（redundant arrays of independent disks，RAID）。

RAID 即独立磁盘构成的具有冗余能力的阵列。磁盘阵列指由多个磁盘构建成一个有巨大容量的磁盘组，利用个别磁盘提供数据所产生的加成效果提升整个磁盘的系统效能。通过这项技术，将数据切割为多个区段，分别存放在各个硬盘上。磁盘阵列还能利用同位检查（parity check）的概念，在数组中任意一个硬盘发生故障时，仍可读出数据，在数据重构时，将数据经计算后重新置入新硬盘中。RAID 技术主要包含 RAID 0～RAID 50 等数个规范，它们的侧重点各不相同。

通常，大数据本身并不是数据的生产方，它是通过对数据的收集和分析获得分析结果的一种手段。大数据系统的主要功能之一就是对源数据的备份，但是数据的存储终究是需要成本的，越高的存储速度意味着越高的硬件价格。目前，主流大数据框架 Hadoop 相关技术就是使用了相对主流标准的硬件设备，如 PC server，从而减少了昂贵的存储硬件支出，然而需要注意的是，即使使用了较为标准和性价比较高的设备，存储数据的规模也不能一味扩大。在构建大数据系统的过程中，准确定位数据的规模并且使用相关方法保证数据存储不会持续扩展也是一项必要指标。比如通过划分存储的时限，从而使定义好的历史较长数据在分析使用量不大的情况下，及时归档迁移到磁带系统中。

2．传输安全

如果数据的传输经过了不安全的网络，那么使用加密和安全的协议就是必要的措施。

超文本传输协议（HTTP）是目前被用于在 Web 浏览器和网站服务器之间传递信息的主要手段之一。HTTP 以明文方式发送内容，如果攻击者截取了 Web 浏览器和网站服务器之间的传输报文，就可以直接获取并读懂其中的信息内容，因此 HTTP 不适合传输一些涉敏信息。为了解决这一缺陷，另一种传输协议应运而生——安全套接字层超文本传输协议 HTTPS。

HTTPS 在原有 HTTP 的基础上加入了 SSL 协议，为浏览器和服务器之间的通信内容进行加密，依靠 SSL 证书对服务器身份进行验证。采用 HTTPS 的服务器必须从证书授权中心（certificate authority，CA）申请一个用于证明服务器用途类型的证书。客户端通过信任该证书，从而信任了该主机。

　　而在另外一些场景中，会对数据本身进行脱敏处理，对数据中的敏感信息进行数据屏蔽或者修改，实现对敏感隐私数据的可靠保护。如在系统导出客户类似身份证号、手机号、卡号、客户号等个人信息时都需要进行数据脱敏操作。

3．访问安全

　　如前文技术安全章节中所叙述的，应用系统本身要建立健壮的认证和访问控制机制，防范数据的越权访问。但是近些年来屡次发生的数据泄密问题，基本都是由内部人员的泄露造成的。针对这个问题，信息的追溯也变得重要起来。一方面，通过审计手段记录员工对数据的详细访问操作；另一方面，可以在数据层面加上水印，这样通过泄露的信息可以很容易确定涉事人员。

　　数字水印技术即通过在原始数据中嵌入秘密信息水印（watermark）来验证该数据的所有权。这种被嵌入的水印可以是一段文字、标识、序列号等，通常这种水印是不可见或不可擦的，它与源数据紧密结合在一起并隐藏其中，可以在不破坏源数据使用场景的情况下保存下来，其原理如图 5-1 和图 5-2 所示。

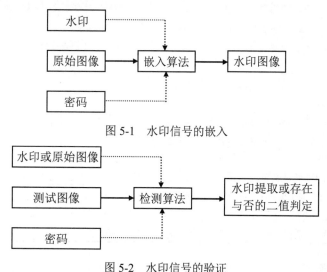

图 5-1　水印信号的嵌入

图 5-2　水印信号的验证

　　通过水印的设置方法，每名员工访问到的数据界面上都有一层肉眼无法看到的信息。一旦该界面被泄露出去，通过还原算法就可以从泄露数中获取泄露人员的相关信息。

▲▲ 5.4　安全威胁

5.4.1　人为失误

　　人为失误（human error）是指在人的实际操作过程中，由于人本身的不稳定性所导致的错误。从人性的角度来说，只要是人的操作，就有可能存在失误。各行各业都存在由于人为差错所造成的严重后果。同样，在系统运维领域，人为失误也可能造成系统服务停止，业务中断等不良影响。

大事故很少是由一个原因引起的，大多是由诸多问题串联在一起同时发生所造成的。"海恩法则"表明在一起重大事故下有 29 起事故征候，而且在其下面还有 300 起事故征候苗头（严重差错）。虽然人为差错主要是由人自身造成的，但是论其起因，可以从人、环境、工具、流程 4 个方面进行总结，如表 5-2 所示。

表 5-2 人为失误的原因

分 类	详 细 内 容
人自身原因	（1）厌倦与疏忽。操作人员对工作感到无聊，没有成就感，心理存在抵触情绪；操作人员对工作重要性认识不足。 （2）疲劳或者疾病。操作人员身体处在不良状态，注意力无法正常集中，身体反应较一般情况慢。 （3）知识或技能缺乏。操作人员不知道、不熟悉或忘记正确的操作方法；按照自己的习惯或者设想的操作方法去操作；无法预见操作后果。 （4）过于自信。操作人员对自己的知识能力过于自信，可能做违反流程的操作，为了快速完成工作省略了一些必要的步骤，例如驾驶事故高发于有一定驾龄的司机。 （5）心理压力。过度担心造成心理压力过大，精神处于亢奋紧张状态
环境原因	（6）非常规事件。突发事件，操作人员未能及时调整状态，精神处于紧张亢奋状态；对突发事件的处理可能违反常规流程，造成操作风险。 （7）外界刺激。来自于环境的刺激较多或者更换了新环境，使操作人员无法集中注意力
工具原因	（8）人机设计不合理。不方便操作人员使用，难以掌握；工具的一些操作本身容易混淆，无法明显区分。 （9）违反标准，或者无统一标准。例如一般的汽车都是制动踏板在左，加速踏板在右，如果违反了这个标准，或者这个标准没有统一，则很有可能造成操作风险。 （10）工具反常。例如工具平时的响应只需要 1 s，但是在某些情况下变成了 5 s，等待的时间间隔可能打乱了操作人员的节奏感，进而形成操作风险
流程原因	（11）流程烦琐。操作流程步骤繁多，实施时可能产生遗漏或者错误。 （12）存在交叉作业。流程上需要操作人员在不同工具、不同对象间切换操作。由于人的思维存在惯性，或因形成的条件反射造成失误

5.4.2 外部攻击

1. 恶意程序

恶意程序是未经授权运行的、怀有恶意目的、具有攻击意图或者实现恶意功能的所有软件的统称，其表现形式有很多：僵尸程序、蠕虫、黑客工具、计算机病毒、特洛伊木马程序、逻辑炸弹、漏洞利用程序、间谍软件等。大多数恶意程序具有一定程度的隐蔽性、破坏性和传播性，难以被用户发现，会造成信息系统运行不畅、用户隐私泄露等后果，严重时甚至会导致重大安全事故和巨额财产损失等。2019 年第一季度，信息安全厂商卡巴斯基公司公开透露，共阻止了全球 203 个国家在线发生的 843 096 461 次攻击。

20 年前每天可能只检测到 50 个新病毒，10 年前大概有 14 500 个病毒，现在每天能收集 38 万个病毒，并且数量还在增加。

2．网络入侵

网络入侵是指根据系统所存在的漏洞和安全缺陷，通过外部对系统的硬件、软件及数据进行攻击的行为。网络攻击的手段有多种类型，通常从攻击目标出发，可以分为主机、协议、应用和信息等的攻击。

2020 年 12 月 SolarWinds 公司的基础设施遭到黑客网络攻击，该公司名为 Orion 的网络和应用监控平台的更新包中被黑客植入后门，并将其命名为 SUNBURST，同时向该软件的用户发布木马化的更新，其中包括美国财富 500 强中的 425 家公司、美国前十大电信公司、美国前五大会计师事务所、美国军方所有分支机构、五角大楼和国务院，以及全球数百所大学和学院。此次黑客攻击很可能影响到了 1.8 万名 SolarWinds 软件用户，数百名工程师受到影响。

3．拒绝服务攻击

拒绝服务攻击（DoS）即攻击者通过攻击使目标机器停止提供服务。常见的手段有通过大批量请求耗光网络带宽，使合法用户无法访问到服务器资源的方式。分布式的拒绝服务攻击手段（DDoS）是在传统的 DoS 攻击基础之上产生的一类攻击方式。

单一的 DoS 攻击一般采用的是一对一方式，当单机资源过小，CPU 速度、内存以及网络带宽等各项性能指标不高时，攻击尤为有效；而分布式的拒绝服务攻击手段（DDoS）则是通过更多的分布式主机发起对单一服务的攻击，用更大规模的攻击使主机不能正常工作。

2020 年 8 月 31 日，新西兰证券交易所网站在周一的市场交易开盘不久再次崩溃。这已是自 8 月 25 日以来，新西兰证券交易所连续第 5 天"宕机"。8 月 25 日，新西兰证券交易所收到分布式拒绝服务（DDoS）攻击，攻击迫使交易所暂停其现金市场交易 1 小时，扰乱了其债务市场。

4．社会工程学

利用社会科学，尤其是心理学、语言学、欺诈学，将其进行综合，利用人性的弱点，并以最终获得信息为目的的学科称为"社会工程学"（social engineering）。

社会工程学中比较知名的案例是"网络钓鱼"，通过大量来自各种知名机构的诱惑性垃圾邮件，意图引导受攻击者提供自身敏感信息的一种攻击方式。最典型的网络钓鱼攻击是将收信人引诱到一个通过精心设计与目标组织的网站非常相似的钓鱼网站上，诱使并获取收信人在此网站上输入个人敏感信息，通常这个攻击过程不会让受害者警觉。网络钓鱼网站被仿冒的大多是电子商务网站、金融机构网站、第三方在线支付站点、社区交友网站等。

5．外部攻击实例

（1）跨站脚本攻击（cross-site script，XSS）是一种网站应用程序的安全漏洞攻击，是代码注入的一种。它允许恶意用户将代码注入网页，其他用户在观看网页时就会受到影响。这类攻击通常包含 HTML 以及用户端脚本语言。它可以分为两类：反射型和持久型。

反射型 XSS 攻击场景：用户单击嵌入恶意脚本的超链接，攻击者可以获取用户的 Cookie 信息或密码等，进行恶性操作。

解决方法：开启 Cookie 的 HttpOnly 属性，禁止 JavaScript 脚本读取 Cookie 信息。

持久型 XSS 攻击场景：攻击者提交含有恶意脚本的请求（通常使用<script>标签），此脚本被保存在数据库中。用户再次浏览页面，包含恶意脚本的页面会自动执行脚本，从而达到攻击效果。这种攻击常见于论坛、博客等应用中。

解决方法：前端提交请求时，转义<为&lt，转义>为&gt；或者后台存储数据时进行特殊字符转义。建议后台处理，因为攻击者可以绕过前端页面直接模拟请求，提交恶意的请求数据。可以考虑在后台加入对应的数据校验，也可以考虑统一对后台的数据进行特殊字符的转义。

另外，所有的过滤、检测、限制等策略，建议在服务器端去完成，而不是使用客户端的 JavaScript 做简单的校验。因为真正的攻击者可以绕过页面直接通过模拟页面的请求进行数据非法录入。

例如，在表单中填写类似脚本语句，如图 5-3 所示。

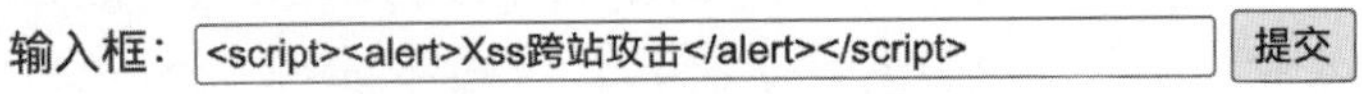

图 5-3　脚本语句录入

单击"提交"按钮后，页面回显会解析 JavaScript 脚本并弹出提示框，如图 5-4 所示。

图 5-4　XSS 攻击弹出框

解决思路如下。

在页面端增加转义字符过滤，清洗输入框录入的数据，并增加页面的校验规则。

增加录入内容的正则校验。

```
var inputValue=this.value;
var regl= /^[A-Za-z]+$/;
if(regl.test(inputValue)){
    alert("输入格式正确");
    return;
}else{
  alert("输入格式不正确")
}
```

在输出数据时，能将 HTML 标记转成常用字符串（专门解析 HTML 元素其实是为了防止 XSS 攻击）。

```
var replaceSpecial = function(v){
    return _.template("<\%- m \%>", { variable: "m" })(v);
};
```

后台增加对应的过滤器，用来过滤前台传递的参数数据。

```
public class XssFilter implements Filter {

    @Override
    public void destroy() {
    }
    /**
     * 过滤器用来过滤的方法
     */
    @Override
    public void doFilter(ServletRequest request, ServletResponse response, FilterChain chain)
throws IOException, ServletException {
        //包装 request
        XssHttpServletRequestWrapper xssRequest = new XssHttpServletRequestWrapper
((HttpServletRequest) request);
        chain.doFilter(xssRequest, response);
    }
    @Override
    public void init(FilterConfig filterConfig) throws ServletException {
    }
}

public class XssHttpServletRequestWrapper extends HttpServletRequestWrapper {
    HttpServletRequest orgRequest = null;

    public XssHttpServletRequestWrapper(HttpServletRequest request) {
        super(request);
    }
    /**
     * 覆盖 getParameter 方法，将参数名和参数值都做 XSS 过滤。
     * 如果需要获得原始的值，则通过 super.getParameterValues(name)来获取。
     * getParameterNames,getParameterValues 和 getParameterMap 也可能需要覆盖
     */
    @Override
    public String getParameter(String name) {
        String value = super.getParameter(xssEncode(name));
        if (value != null) {
            value = xssEncode(value);
        }
        return value;
```

```
        }
        @Override
        public String[] getParameterValues(String name) {
            String[] value = super.getParameterValues(name);
            if(value != null){
                for (int i = 0; i < value.length; i++) {
                    value[i] = xssEncode(value[i]);
                }
            }
            return value;
        }
        @Override
        public Map getParameterMap() {
            return super.getParameterMap();
        }
        /**
         * 将容易引起 XSS 漏洞的半角字符直接替换成全角字符，在保证不删除数据的情况下保存
@return 过滤后的值
         */
        private static String xssEncode(String value) {
            if (value == null || value.isEmpty()) {
                return value;
            }
            value = value.replaceAll("eval\\((.*)\\)", "");
            value = value.replaceAll("[\\\"\\\'][\\s]*javascript:(.*)[\\\"\\\']", "\"\"");
            value = value.replaceAll("(?i)<script.*?>.*?<script.*?>", "");
            value = value.replaceAll("(?i)<script.*?>.*?</script.*?>", "");
            value = value.replaceAll("(?i)<.*?javascript:.*?>.*?</.*?>", "");
            value = value.replaceAll("(?i)<.*?\\s+on.*?>.*?</.*?>", "");
            return value;
        }
    }
}
```

在 web.xml 中增加对应的过滤器拦截。

```
<filter>
  <filter-name>XssFilter</filter-name>
  <filter-class>XXXXX(该类的路径).XssFilter</filter-class>
</filter>
<filter-mapping>
  <filter-name>XssFilter</filter-name>
  <url-pattern>/*</url-pattern>
</filter-mapping>
```

（2）SQL 注入。攻击者在 HTTP 请求中注入恶意 SQL 命令，例如 drop table users，服务器用请求参数构造数据库 SQL 命令时，恶意 SQL 被执行。

解决思路：后台处理。例如，使用预编译语句 PreparedStatement 进行预处理，如果

使用 mybatis 等持久层框架，建议控制相关 SQL 参数的填写格式。

（3）DDoS 攻击。DDoS 攻击又叫流量攻击，是最基本的 Web 攻击。攻击的方式有很多种，其中最常用的就是静态文件攻击，即通过劫持大量的 IP 地址，同时访问同一个静态文件：使服务器一直处于通信堵塞状态，网络带宽被全部占满；使网站崩溃，处于不可访问状态；SSH 连接服务器处于卡顿状态，无法执行相应的命令。

解决思路如下。

查看内存是否已被占满。

```
free -m
```

如果 used 项的值接近 total 的值，说明内存差不多不够了，正常情况下至少应保持 1 GB 左右的大小。查看进程情况如下。

```
top -c
```

然后按 Shift+M 组合键对进程进行排序，如果这时出现卡顿，或者执行不连贯，应先关闭当前 SSH 连接，重新打开新的 SSH 连接窗口。

进入 Nginx 日志目录（默认安装的情况下在/etc/Nginx/logs 路径下）。

```
cd /etc/Nginx/logs
```

查看实时日志（根据 Nginx 配置时所配置的日志文件）。

```
tail -f access.log
```

可以很清晰地看出黑客攻击的路径或点，这时就可以根据具体情况进行配置了。

停止 Nginx 进程，首先查看 Nginx 的进程 id。

```
ps -ef | grep Nginx*
```

然后使用 kill -9 [pid]强制性把 Nginx 杀掉。

```
kill -9 23423
```

修改 Nginx 配置文件（根据自己配置的所在目录）。

```
vi /etc/Nginx/conf.d/Web.conf
```

找到刚刚黑客攻击的地方，代码如下。

```
location /cstor / {
  …
}
```

增加防盗链，修改如下。

```
location / cstor / {
  valid_referers xxx.com;
  if ($invalid_referer) {
          return 403;
  }
```

```
        ...
}
```

注：xxx.com 为操作者自己需要放开的地址，如自己公司的网站域名等。

5.4.3 信息泄密

信息泄露是信息安全的重大威胁，国内外都发生过大规模的信息泄露事件。

2020 年 2 月，体育连锁巨头迪卡侬（Decathlon）发生大范围数据泄露，起因是 1.23 亿条记录被保存在一个并不安全的数据库中。这是由 vpnMentor 安全研究人员发现的，并在 2020 年 2 月 24 日公布。该数据库属于迪卡侬西班牙和迪卡侬英国公司。泄露的数据涉及员工系统用户名、未加密的密码、API 日志、API 用户名、个人身份信息等。对于迪卡侬的员工来说，涉及的信息包括姓名、地址、电话号码、生日、学历和合同明细，而对于客户来说，涉及的信息包括未加密的电子邮件、登录信息和 IP 地址。

2020 年 3 月 31 日，万豪国际集团发布公告称，正在调查一起涉及客户个人信息泄露事件，约 520 万名客户的资料可能被泄露。在不到两年的时间里，万豪发生了第二次大规模数据泄露事件，最终，因未能确保客户个人数据安全，万豪国际被罚 1840 万英镑。与此同时，接连两次的股价大跌直接导致万豪数十亿美元市值蒸发。

除了外部攻击的泄密，还有企业的内部员工利用访问权限获取用户的相关数据，并非法在黑市上贩卖牟利。这些被贩卖的数据会被黑客或者其他不法分子利用，借助社会工程学对受害者进行诈骗。

5.4.4 灾害

灾害发生的概率非常小，但是后果是巨大的，可能会造成整个数据中心停止运行。

1．洪灾

由于恶劣天气和排水不畅，雨水可能倒灌进入数据中心，造成设备短路等故障。2009 年 9 月 9 日，土耳其伊斯坦布尔遭遇暴雨并引发了洪水。疯狂肆虐的洪水淹没了该市 Ikitelli 区的大部分地段，也淹没了位于该区的 Vodafone 数据中心。

2．火灾

2008 年 3 月 19 日，美国威斯康辛数据中心被火烧得一塌糊涂。根据事后统计，这次大火烧掉服务器、路由器和交换机共 75 台，当地大量的站点都发生了瘫痪。

3．地震

2011 年 3 月 11 日，日本遭受了 9 级大地震。在此次地震中，日本东京的 IBM 数据中心也受损严重。

4．人为因素

2015 年 5 月 27 日下午 5 点左右，由于光纤被挖断，造成部分用户无法使用支付宝。随后支付宝工程师紧急将用户请求切换至其他机房，受影响的用户才逐步恢复。

5.5 安全措施

5.5.1 安全制度规范

政府、企业以及其他组织一般会制定内部的信息安全相关制度，用以规范和约束管理体系中的各项工作内容，从而确保环境的安全稳定运行，一般包括以下内容。

（1）人员组织。人员组织用以明确细分各级人员对于信息安全的责任和义务，明确信息安全的管理机构和组织形式。

（2）行为安全。行为安全用以明确细分每个人在组织内部允许和禁止的行为。

（3）机房安全。机房安全制度明确细分出入机房、上架设备所必须遵守的流程规范。

（4）网络安全。网络安全制度明确组织内部的网络区域划分，以及不同环境网络功能和隔离措施。

（5）开发过程安全。开发过程安全制度明确软件的开发设计和测试遵守相关规范，开发体系和运维体系分离，源代码和文档应落地保存。

（6）终端安全。终端安全制度明确终端设备的使用范围，禁止私自修改终端设备，应设置终端口令，及时锁屏，及时更新操作系统补丁。

（7）数据安全。数据安全制度不对外传播敏感数据，生产数据的使用需要在监督和授权下执行。如果需要对外提供相关敏感数据，应对数据进行脱敏。

（8）口令安全。明确口令的复杂程度、定时修改周期等。

（9）临时人员的管理。明确非内部员工的行为列表、外包人员的行为规范，防范非法入侵。

5.5.2 安全防范措施

在各个层次都有成熟的安全产品，可以选择构建组织内部的防御体系，如表 5-3 所示。

表 5-3 安全产品层次

分 类	安 全 产 品
机房	门禁系统，消防系统，摄像系统
服务器	防病毒软件，漏洞扫描工具，配置核查系统
网络	防火墙，入侵监测系统，入侵防御系统
终端	防病毒软件，行为控制和审计软件，堡垒机
应用程序	漏洞扫描工具，源代码扫描软件，证书管理系统，统一认证系统，身份管理系统
数据备份	数据备份软件
流程管理	运维管理平台，安全管理平台，审计平台

定期对系统进行大规模摸底扫描，并组织相关内外部资源对其进行渗透性测试，发现并且解决系统中的安全风险点。

在组织团队时和新员工入职时，就对所有的开发人员进行针对性的安全培训，严格遵守对应的编码规范，强化安全编码和信息安全的意识。有不少人认为安全的技术产品可以完全规避所有的安全问题，但事实并非如此，例如图 5-5 就展示了一种针对 SSL 的中间人攻击。该攻击模式可以破解或者修改传输内容，也可以让客户端做的输入过滤失效。

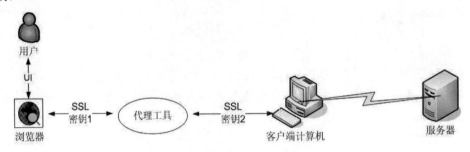

图 5-5　SSL 中间人攻击

制定的安全制度规范需要严格执行，在制度中禁止的行为绝对不能因为技术因素或者人为因素忽略执行，从而产生严重的后果。

5.6　作业与练习

一、问答题

1. 简述 SQL 注入的基本原理，如何避免 SQL 注入？
2. 门禁系统分为哪几种认证方式？
3. 安全开发包含哪几项主要措施？

二、判断题

1. 安全中的完整性指的是计算机服务时间内，确保服务的可用。（　　）
2. 视频监控重点是实时监控，一般不需要存档。（　　）
3. 跨站脚本漏洞的原因是因为缺少强壮的认证措施。（　　）
4. 健壮的输入和输出过滤可以大大降低 Web 应用受攻击的风险。（　　）
5. 开发过程中的漏洞只能通过修改代码规避，其他方式都不可行。（　　）

参考文献

[1] STAMP M．信息安全原理与实践[M]．2 版．张戈，译．北京：清华大学出版社，2013．

[2] RHODES-OUSLEY M．信息安全完全参考手册[M]．2 版．李洋，段洋，叶天斌，译．北京：清华大学出版社，2014．

[3] OWASP 开源项目．OWASP TOP 10 Project[EB/OL]．[2023-08-23]．https://www.owasp.org/index.php/Category:OWASP_Top_Ten_Project．

第 6 章

高可用性管理

如果一个系统经常出现故障，无法连续对外提供服务，会大大影响实际使用效果。保持服务的稳定性是系统运维中的重要工作，大数据系统也不例外。在系统设计、具体实施以及后期维护中，都需要考虑与高可用（high availability，HA）性相关的管理工作。

本章通过对系统高可用技术进行介绍，同时结合大数据系统的特点，从系统架构、容灾、监控和故障转移角度进行具体的分析和阐述，最后从业务连续性管理入手，对灾备系统建设、应急预案和日常演练进行归纳和经验分享。

6.1　高可用性概述

评估系统运行稳定性的关键指标是系统的可用性，可用性（availability）指的是系统的无故障运行时间的百分比，计算公式为：无故障运行时间/计划对外服务时间×100%。

例如，一个系统计划每天 24 小时不间断地提供服务，一年的计划对外服务时间是8760（24×365）小时。如果在一年的运行时间中，因为故障或者变更中断了 10 小时，则系统可用性就是(8760-10)/8760×100%=99.89%。通常，业界用 N 个 9 量化可用性，例如，可用性达到了 3 个 9，指的是可用性大于 99.9%。

系统架构一般采用一些高可用技术减少故障中断时间，从而保障系统具备较高的可用性指标。高可用技术的核心思想是冗余，即关键部件拥有备份，备用的零部件在原部件故障或者维修时，能够及时替代原有部件的功能。而与此对应的，单点故障是影响可用性的关键风险点，在设计和实施过程中，要不断识别系统中存在的单点故障予以解决，增加系统的整体可用性。除了部件冗余，及时对故障进行定位识别，通过系统化运维流程解决故障问题，缩短故障时间，也是提高系统可用性的有效手段。

当发生大规模故障时，如自然灾害导致的机房整体电力故障、对外网络被物理切断、一定区域内的冗余部件失效等，就需要考虑相关的容灾方案。通过在其他地理区域的数据中心建立备份系统，例如同城备份或者异地备份，可以避免此类灾难对可用性的影响。

6.2　高可用性技术

6.2.1　系统架构

1．机房环境

机房环境的高可用主要考虑的是电力和机柜分配两个方面。

（1）电力。为了避免区域电力供给停止或限制所造成的断电风险，规格较高的机房一般会考虑从多路变电站获得电力资源，同时对机房配备柴油发电机和 UPS（不间断电源）。当外部电路同时出现供电故障时，优先通过 UPS 进行供电，随后启动柴油发电机对 UPS 进行持续供电以确保电力资源不会中断。

（2）机柜。物理架构层面一般会在主机层面配置主备机。主备机的放置遵循了不同机柜安装放置的原则，从而避免单一机柜故障同时影响主、备两台机器。机柜本身一般也会设置安全高度以防止受水淹或者其他灾害的影响。

2．网络、主机、存储

网络是数据中心的核心。在当前系统环境中，没有了网络环境的支持，计算能力就没有实际的体现。在大数据体系下，网络环境也会对集群的计算能力有所影响。遵循冗余的思想，包括交换机、路由器、防火墙等数据中心的内部网络硬件一般都采用双机模式，在网络运营方面也会类比电力资源选择多个不同的网络运营商提供服务，并且在物理线路的铺设上也会遵循同类型线路从不同管道中走线的原则。这些工作都是为了确保在单个环境、硬件、线路出现故障时能无缝替换同类型网络资源，从而确保网络服务的持续可用。

主机是高可用方案中的主要部分，按照工作模式，主机层面的高可用技术可分为以下几种。

（1）主从模式。主机在正常工作时，备机处于监控准备状态。当主机发生故障时，备机主动切入环境并接管故障主机所负责的相关工作，等待主机恢复正常状态后，按照管理者或者运维人员的意愿以自动或者主动方式切换回主机，同时备机在主机故障时期内的数据一致性可以通过共享存储或者数据同步进行解决。

当然主从模式也有一定的网络配置要求，主从服务虽然有各自的 IP 地址，但是需要对外提供同一个虚拟 IP 地址或者虚拟域名，这是 HA 集群的首要技术保证。虚拟的 IP 地址通过代理方式配置到指定的主机或者从机的实际 IP 地址，而内部私网（private network）是集群内部通过心跳线连接成的网络，是集群中各个节点间通信的物理通道，通过 HA 集群软件来保证服务状态和数据的同步。不同的 HA 集群软件对于心跳线的处理各有技巧，当然其所对应的可靠性与成本也会相对有所差异。

（2）双机模式。两台主机不区分主从，同时运行各自的服务并同步监测对方主机的服务状态，当其中一台主机发生故障时，另一台主机主动接管对方主机的相关工作，在确保服务可用性的同时把故障主机的相关数据存放至共享存储中。

（3）集群模式。多台主机同步工作，共同承担整个集群下的所有服务，单个服务可能被定义一个或多个备用主机，当其中一台主机发生故障时，集群中其他的主机就可以直接代替接管故障主机的服务。

存储作为现阶段比较昂贵的设备，其硬件架构中的控制器与电源模块等部件都具备高可用的冗余要求，且其可用性参数也高于 PC 服务器很多。所以，在成本因素不作为特别关注的高可用方案中，可以选择双储备模式，录入的数据通过系统或者存储技术同步写入双存储设备中；而在一般的方案中，单存储方案是通用的大众选择。

3. 数据库

在数据库领域中，不同产品在高可用技术应用的原理和实现上都略有区别，如表 6-1 所示。

表 6-1　常见的数据库高可用技术

技　术	概　述
MySQL Replication	通过异步复制多个数据文件以达到提高可用性的目的
MySQL Cluster	分别在 SQL 处理和存储两个层次上做高可用的复制策略。在 SQL 处理层次上，比较容易做集群，因为这些 SQL 处理是无状态性的，完全可以通过增加机器的方式增强可用性。在存储层次上，通过对每个节点进行备份的形式增加存储的可用性，这类似于 MySQL Replication
Oracle RAC	主要集中在 SQL 处理层的高可用性，而在存储上体现不多。优点是对应用透明，并且通过 Heartbeat 检测可用性非常高；主要缺点是存储是共享的，存储上可扩展能力不足
Oracle ASM	主要提供存储的可扩展性，通过自动化的存储管理加上后端可扩展性的存储阵列达到高可用性

4. 应用

在实现某些重要的功能业务时，通过负载均衡设备把服务分发给服务器上多个具备相同功能的应用实例也可以保证应用的高可用性。例如多个不同的用户登录服务时，负载技术均衡把类似的多个请求平均分配给多个进程进行处理，当其中一个实例发生故障时，负载技术会及时判断出故障的实例节点并将其排除出服务列表，转而由其他进程继续履行原有的业务功能。同样的设计也可以有效地降低对单个服务实例的并发压力，从而保证整体应用的稳定性和可控性。

通过持久化队列的技术，将应用之间交互的数据或者请求缓存在队列中，这样突发的进程故障也不会影响数据本身，在队列重新启动后也可以迅速恢复。

在应用程序访问外部资源时，如数据库、文件系统、其他应用程序，需要注意的是在配置时需要配置外部资源的服务地址，如应用程序访问数据库。必须配置数据库的 RAC 服务地址，这样在数据库出现问题时，服务器地址会自动切换到正常服务上运行，保证应用程序还能够访问到数据库资源。如果配置了真实地址，当该地址指向的资源发生故障时，服务就会出现异常，无法自动恢复。

6.2.2 容灾

通常情况下，谈到高可用技术时，讨论的内容主要围绕数据中心内部的各种保障技术，但当数据中心整体发生不可控的物理故障，或者自然灾害时，就需要考虑通过容灾技术做整体考量。本书将在 6.3 节详细阐述该内容。

6.2.3 监控

在综合应用了高可用技术体系，在各个层次建设了对应的冗余模块后，另一个重要步骤就是实时监控模块状态，及时对故障进行定位和后续的处理。通过监控机制对整个服务过程进行详尽的记录。监控的 3 个主要内容包括：收集信息，根据收集的信息内容判断问题是否确实存在，生成告警内容或者自动处理。

在实际的生产运维中，像人们去医院体检一样，需要大量的监控指标对系统运行情况做出综合判断，对故障发生位置进行精准定位。表 6-2 列举了一些常见的监控指标项和告警策略。

表 6-2　监控指标项

监 控 类 别	监 控 指 标	监 控 内 容
应用自身状态	服务进程状况	① 对应用系统启动后的进程进行监控，主要包括进程正常情况，进程名称、数量情况，僵死进程情况； ② 不同服务器、不同用户的进程在设定时间范围内是否启动，如 07:00—19:00，有一个进程缺失； ③ 是否在错误的时间启动。如批处理结束后，进程应该停止，但仍处在启动状态； ④ 是否在错误的位置启动。如正常没有发生切换时，进程都在主服务器上启动，但是监控发现进程在备机也启动了；或者发现进程是在 root 用户下启动的； ⑤ 进程启动耗时监控。进程如果启动较慢，说明数据或者环境出现问题，需要监控； ⑥ 应用系统整体启动停止时间监控
	服务状态	监控应用进程的健康状态。可通过调用应用服务接口判断应用服务是否正常，要求访问接口不会污染数据，不会影响应用业务。系统能通过登录、写入、查询、访问网页等检查应用系统是否可用。具体监控内容如下。 ① 应用系统可以登录； ② Web 页面能正常访问； ③ 系统能处理事务； ④ 系统查询功能有效； ⑤ Web Service 能正常调用； ⑥ 消息、数据和文件正常传输或同步，涉及上下游系统、与第三方机构接口、主备服务器等； ⑦ 应用数据库可读可写；

续表

监 控 类 别	监 控 指 标	监 控 内 容
应用自身状态	服务状态	⑧ 应用之间心跳机制正常； ⑨ 能够记录应用系统开启时间、失败时间； ⑩ 上下游系统之间可访问（数据库方式、消息通道、FTP 通道等）
	业务开关或可使用标志状态	在应用服务时期内，监控应用系统业务开关或可使用标志状态，确定应用系统是否可以提供服务
数据服务	数据及时性	凡是涉及数据加载和批量处理的应用系统，尤其是报表统计分析类系统，对数据加载和下发的及时性、批量完成的时间点都会有一定的要求。 应根据预先设定的阈值对数据加载和批量完成及时性进行监控和报警，以便生产管理和维护单位提前通知业务部门，并且采取应急措施降低业务影响
	数据关键路径	由于应用系统耦合度较高，上下游应用系统及前后项批量形成了一个前后依赖甚至相互依赖的关系，处于关键路径的数据生成或处理步骤如果延迟，将对后续批量、下游应用系统产生重大影响，因此，有必要对关键路径上数据生成（批量）时间进行监控，以便及时采取措施减少可能的业务影响。 具体包括：关键（批量）数据的开始时间、完成时间及处理时间、关键数据的下发和到达时间
	数据完整性、正确性	批量数据是否完整、正确直接关系到对客户服务质量甚至应用系统能否提供服务。 ① 批量处理前、后（下发）数据种类是否齐全、数据文件大小是否在正常范围； ② 数据正确性监控是指对重要的关键数据的值是否在正常范围内进行监控，一旦发生数据突变，及时报警
	关键表记录变化情况	关键表是应用系统的重要属性之一。关键表中记录数的变化应作为应用系统业务发展和应用系统运行的重要评价指标之一，通过关键表记录量变化情况分析，能及时了解业务服务状况、业务变化情况以及应用系统运行情况。 ① 日常情况下需要每日对应用系统关键表记录变化量进行统计； ② 对关键表记录量监控时，要求在关键表记录量突然发生较大变化时报警
	关键业务数据获取、生成和发布	关键业务数据是否按预期生成和发布，监控方式如下。 ① 数据库中有预期数据产生； ② Web 页面有符合预期的数据显示； ③ 接收到预期消息； ④ 接收到预期文件
	关键数据按预期清空	监控数据按预期被清空，监控内容如下。 ① 数据库中有符合预期的数据清空； ② Web 页面有符合预期的数据清空； ③ 消息队列文件清除，如 IMIX 清除消息队列文件

续表

监控类别	监控指标	监控内容
性能容量	用户数量（终端/API）	在线用户数量指应用系统当前使用该应用的用户总量。一方面，在线用户量突然变大，可能造成系统性能问题；另一方面，在线用户量突然变大也可能是由于应用系统异常造成的。因此，要对在线用户数量及时监控报警，及时提醒相关维护人员进行处理分析。 ① 在线用户数（某段时间内访问系统的用户数，这些用户并不一定同时向系统提交请求）； ② 并发用户数（某一物理时刻同时向系统提交请求的用户数）； ③ 单位时间内用户登录次数； ④ 平均/峰值用户数； ⑤ 日常情况下需每日对应用系统登录用户数进行统计，以计算用户活跃程度
	内存加载量	使用共享内存机制的应用系统需要监控内存数据加载量，如加载量突然变大，可能造成系统出现风险。如本币交易系统共享内存中加载了大量的本币基础数据（债券、机构、权限等）
	消息并发量	消息并发量指应用系统某个（类）事务在一定时间段内的并发处理量。事务并发量骤然变大可能造成此类事务处理缓慢，甚至造成整个应用系统性能问题；事务并发量突然变大或者突然变小也可能是由于应用系统异常造成的。通过对事务并发量监控报警，可及时让维护人员进行处理分析。 ① 单位时间接收到的事务请求数，超过阈值报警； ② 单位时间段内每个会话接收和发送的消息数量
	事务响应时间	事务响应时间是应用系统提供服务效率的重要衡量指标之一。事务响应缓慢意味着提供业务服务效率存在问题，应用系统可能存在隐含、潜在运行风险。应当设定事务响应时间阈值，处理缓慢的事务需要及时报警。 ① 关键事务处理时间，设定阈值，如查询处理时间超过则报警； ② 每个会话接收和发送方向的消息延迟
批量作业	批量处理情况	监控批量处理情况。 ① 批量中断情况； ② 批量错误信息监控
	批量开始时间	批量处理开始时间，超过预定时间报警
	批量结束时间	批量处理结束时间，超过预定时间报警
	批量加载时间	数据加载时间，超过预定时间报警
	批处理状态	对批处理状态进行监控
应用占用系统资源	文件句柄数	进程加载或访问的文件数，超过阈值报警
	应用分区空间	空闲率超阈值、增长率超阈值报警
	应用文件增长情况	① 监控（单个）日志文件量增长（绝对值、文件增长量）情况； ② 监控（单个）应用队列文件增长情况； ③ 监控（单个）业务文件增长情况

续表

监控类别	监控指标	监控内容
应用占用系统资源	网络连接	① 与其他提供服务的应用系统网络连接状态、通信链接数； ② 半关闭网络连接状态； ③ 客户端发起的通信链接，在线/并发/峰值通信链接数、网络连接状态； ④ 服务端口，服务端口监听（listen）
	单个用户或请求进程占用的系统资源	并发会话数、文件句柄、网络连接、数据库连接数、CPU、内存、磁盘等
应用中间件（WebLogic、Tomcat）	WebLogic Server	① 运行状态，如果不是 RUNNING 状态，则报警，并将实际运行状态在报警内容中体现； ② 健康状态，如果不是 HEALTH_OK 状态，则报警，并将服务器健康状态在报警内容中体现； ③ 进程假死，如发现则报警
	线程池	① 健康状态（health state），如果不是 HEALTH_OK 状态，则报警，并将线程池健康状态在报警内容中体现； ② 占挂用户请求数（pending user request count），如果大于指定值，则报警，并且将占挂用户请求数在报警内容中体现； ③ 活动执行线程数/允许创建的最大线程数比例，大于阈值则报警； ④ 短时间内 WebLogic 执行线程数突然增加很多数量，报警； ⑤ WebLogic 总空闲线程数/最大线程数比例持续较低，报警； ⑥ 下述参数每次采样应记录：活动执行线程数（execute thread total count）、空闲线程数（execute threadIdle count）、备用线程数（standby thread count）、已创建的总线程数（execute thread total count）、允许创建的最大线程数（Dweblogic.threadpool. MaxPoolSize）
	JVM	① 堆内存空闲空间（heap free percent）比例。如果空闲率低于指定值，则报警，并且报警内容中体现内存使用情况； ② GC 使用情况监控，记录 GC 时间耗时，耗时过久报警； ③ JVM 对 CPU 使用率突然增大，报警； ④ JVM 中有死锁，报警； ⑤ JVM 的下述参数每次采样记录在系统里：JVM 当前堆大小（heap size current）、当前空闲堆大小（heap free current）、当前已使用堆大小（heap size current – heap free current）、允许创建最大堆大小（heap size max）、空闲堆和最大堆比值（heap free percent）
	数据源	① 数据源运行状态，如果不是 RUNNING 状态，则报警，并且将数据源的运行状态在报警内容中体现； ② 数据源部署状态，如果不是 ACTIVATED 状态，则报警，并且将数据源部署状态在报警内容中体现； ③ 数据源创建监控，没有建立成功，则报警

监 控 类 别	监 控 指 标	监 控 内 容
应用中间件 （WebLogic、 Tomcat）	连接池	① 连接池健康状态，如果不是 OK 状态，则报警，并且将数据源连接状态在报警内容中体现； ② 数据源连接池若有等待连接的请求（waiting for connection current count），等待请求数超过指定值则报警，并且将等待请求数在报警内容中体现； ③ 数据源连接池若有连接泄漏（leaked connection count），连接泄漏数超过指定值，则报警，并且将连接泄露数在报警内容中体现； ④ "高阶"指定时间内，记录数据源连接处理请求最耗时的查询； ⑤ 数据源连接池的下述参数记录在系统里：当前正在被线程使用连接数（active connections current count）、当前空闲连接数（num available）、当前容量（active connections current count+num available）、最大可建连接数（max capacity）、当前活跃连接数/最大容量百分比（active connections current count/max capacity）。大于指定值则报警
	App 状态	① 运行状态，如果不是 STATE_ACTIVE 则报警，报警内容需包含应用程序运行状态，并且指明是在哪个 WebLogic Server 上异常； ② 健康状态。如果不是 HEALTH_OK 则报警，报警内容需包含应用程序健康状态，并指明是在哪个 WebLogic Server 上异常
MQ	队列管理器	① 队列管理器状态（QMgr status），running、ended unexpectedly、ended normally 等，一般正常状态需为 RUNNING； ② 命令服务器状态（command server status）； ③ 监控队列管理器中最大激活通道数的百分比（% max active channels）； ④ 当前已连接的激活通道数量（active channel connections）； ⑤ 当前队列管理器死信队列深度（DLQ Depth）； ⑥ 当前队列管理器中通道连接的健康状况，主要根据通道状态判断（channel health）； ⑦ 当前队列管理器中队列的健康状况，主要根据队列深度判断（queue health）； ⑧ 当前队列管理器队列中的所有消息数量（total messages）； ⑨ 当前队列管理器传输队列中的所有消息数量（total messages on XMIT queues）； ⑩ 日志监控，每个队列管理器都有自己的错误日志，一般位置在"/var/mqm/qmgrs/队列管理器名/errors"目录
	通道	① 通道状态。 通道收到字节数（bytes received）； 通道发送字节数（bytes sent）； "基本"通道状态（channel status）； 当前队列消息序号（CurMsg SeqNo）；

续表

监 控 类 别	监 控 指 标	监 控 内 容
MQ	通道	消息批次号（CurBatch LUW ID）； 通道最近一次处理消息的时间（last message date & time）； 通道消息传输速度（transmit KB/sec）。 ② 通道统计。 通道进入短重试状态后的重试次数（short retries）； 通道进入长重试状态后的重试次数（long retries）； 满足设定的通道类型和状态的所有通道的发送或接收字节数 （total bytes sent/received）； 满足设定的通道类型和状态的所有通道的当前批量消息数量 （total CurBatch messages）； 通道最大传输速度（MAX transmit KB/sec）。 ③ 通道总体情况。 通道实例占用达到最大实例占用数某一百分比值（%MAX instances）； 多实例并发通道的平均接收/发送字节数（average bytes received/ sent）； 多实例并发通道的平均消息接收数量（average message count）
	队列	① 队列深度达到设定%（%Full）； ② 最新入队/出队时间（last put/read）； ③ 设定间隔时间内入队/出队的消息数量（Msgs put/read）； ④ 每秒入队/出队的消息数量（Msgs put/read per sec）； ⑤ 访问该队列的所有应用数量（total opens）； ⑥ "基本"当前队列深度（current depth）； ⑦ 当前入队/出队打开线程数（input/output opens）； ⑧ 队列中最老消息已保留的时间（oldest Msg age）
	事件（event）	WebSphere MQ 对某些异常情况做了事先的定义，称为事件 （event）。一旦这种系统对于异常情况的定义条件满足了，也就 是事件发生了。WebSphere MQ 会在事件发生时自动产生一条对 应的事件消息（event message），放入相应的系统事件队列中。因 此也可以通过实时监控这些事件队列实现对系统的监控 ① 队列管理器事件，即队列管理器的权限（authority）事件、禁 止（inhibit）事件、本地（local）事件、远程（remote）事件、启 停（start & stop）事件； ② 通道事件，即通道及通道实例启停、通道接收消息转换出错、 通道 SSL 出错； ③ 性能事件，即队列深度 HI/LOW 事件、队列服务间隔事件
Web 服务器 （如 Apache）	Apache 吞吐率	Apache 每秒处理的请求数
	Apache 并发连接数	Apache 当前同时处理的请求数，详细统计信息包括读取请求、持久连接、发送响应内容、关闭连接、等待连接
	httpd 进程数	Apache 启动时，默认就启动几个进程，如果连接数多了，它就会生出更多的进程来处理请求

监控类别	监控指标	监控内容
Web 服务器（如 Apache）	httpd 线程数目	有多种连接状态，如 LISTEN、ESTABLISHED、TIME_WAIT 等，可以加入状态关键字进一步过滤
	提供网站服务的字节数	提供网站服务的字节数
	处理连接的耗时时间	处理连接的耗时时间

6.2.4 故障转移

主机/存储/网络/数据库一般都是以心跳包机制来进行健康状态的监控。由管理模块向各个模块之间按照一定时间间隔发送心跳验证包，或者两个模块之间互相发送心跳验证包，如果超过设定的反馈周期，模块仍然没有响应，则判断该模块出现故障，备份模块接管该模块的服务，这个过程被称为故障转移（failover）。

在主、备机的高可用系统中，在特殊情况下会发生脑裂（split-brain）的故障。

心跳线或者网络问题是这种故障的主要原因，故障导致主、备或者集群节点间无法探测到彼此的心跳反馈，从而导致错误的故障状态判定。服务之间主动发起替换机制，互相争夺存储或者服务 IP/端口等机器资源，从而造成服务冲突。

为了有效解决脑裂问题，一般会引入一个独立于主备机或者集群服务之外的第三方模块作为领导者，由其来判定服务的替换者，并对外提供服务。

6.3 业务连续性管理

6.3.1 灾备系统

1. 概念和等级

由于人为或自然的原因，造成信息系统严重故障或瘫痪，使系统支持的业务功能停顿或服务水平不可接受、达到特定时间的突发性事件被称为灾难事件，如网络瘫痪、机房电力中断、地震、洪水等严重故障。

为了迅速使系统从灾难所导致的故障/瘫痪状态恢复到正常服务状态，并能快速使其原有功能达到可接受状态之上，而制定与设计的灾难应急机制被称为灾难恢复机制。灾备系统就是为了灾难恢复所建设的备份系统。灾备系统通常都建设在主数据中心一定距离以外的同城数据中心或者异地数据中心。

衡量灾备系统的指标主要有恢复时间目标（recovery time objective，RTO）和恢复点目标（recovery point objective，RPO）。RTO 指的是灾难发生后，信息系统或业务功能从停顿到必须恢复的时间要求。而 RPO 指的是灾难发生后，系统和数据必须恢复到的时间点要求。例如灾难发生后，灾备系统花费了 1 小时将服务全部恢复，数据丢失了 15 分钟，则 RTO 是 1 小时，RPO 是 15 分钟。

根据国标《信息系统灾难恢复规范》（GB/T 20988—2007），灾难恢复能力等级分为

6 个级别，如表 6-3 所示。

表 6-3　灾难恢复能力的 6 个级别

级　　别	主　要　要　求
第一级	每周一次的数据备份，场外存放备份介质
第二级	每周一次的数据备份，有备用的基础设施场地
第三级	每天一次的数据备份，利用通信网络将关键数据定时、批量传送至备用场地
第四级	每天一次的数据备份，利用通信网络将关键数据定时、批量传送至备用场地，配备灾难恢复所需的全部数据处理设备，并处于就绪状态或运行状态
第五级	采用远程数据复制技术，并利用通信网络将关键数据实时复制到备用场地，配备灾难恢复所需的全部数据处理设备，并使其处于就绪状态或运行状态
第六级	远程实时备份，实现数据零丢失，具备远程集群系统的实时监控和自动切换能力

其中第六级的详细要求如表 6-4 所示。

表 6-4　灾难恢复能力第六级的详细要求

要　　素	要　　求
数据备份系统	① 完全数据备份至少每天一次； ② 备份介质场外存放； ③ 远程实时备份，实现数据零丢失
备用数据处理系统	① 备用数据处理系统具备与生产数据处理系统一致的处理能力并完全兼容； ② 应用软件是"集群的"，可实时无缝切换； ③ 具备远程集群系统的实时监控和自动切换能力
备用网络系统	① 配备与主系统相同等级的通信线路和网络设备； ② 备用网络处于运行状态； ③ 最终用户可通过网络同时接入主、备中心
备用基础设施	① 有符合介质存放条件的场地； ② 有符合备用数据处理系统和备用网络设备运行要求的场地； ③ 有满足关键业务功能恢复运作要求的场地； ④ 以上场地应保持 7×24 小时运作
专业技术支持能力	在灾难备份中心 7×24 小时有专职的： ① 计算机机房管理人员； ② 专职数据备份技术支持人员； ③ 专职硬件、网络技术支持人员； ④ 专职操作系统、数据库和应用软件技术支持人员
运行维护管理能力	① 有介质存取、验证和转储管理制度； ② 按介质特性对备份数据进行定期的有效性验证； ③ 有备用计算机机房运行管理制度； ④ 有硬件和网络运行管理制度； ⑤ 有实时数据备份系统运行管理制度； ⑥ 有操作系统、数据库和应用软件运行管理制度
灾难恢复预案	有相应的经过完整测试和演练的灾难恢复预案

灾备恢复等级越高，业务中断和数据丢失的时间越少，所要求的技术水平越高，但

是建设和维护成本就相应地成倍增长。确定合适的灾难恢复等级，需要从实际业务需求角度出发，主要考虑因素是系统服务中断的影响程度。如果短时间的中断将对国家、外部机构和社会产生重大影响或者将严重影响单位关键业务功能并造成重大经济损失，则需要考虑建设第五等级或者第六等级的灾备系统；如果短时间中断造成的损失并不大，且用户可以容忍，则建设等级可以酌情递减。

建设和维护灾备系统需要重点考虑数据复制、切换技术以及应用交互。

2．数据复制

从复制过程上来区分，数据复制分为同步和异步两种方式。同步数据复制指将本地数据以完全同步的方式复制到异地，每次本地 I/O 操作都需等待远程复制的完成之后，才能予以释放。异步数据复制则是指将本地生产的数据以后台同步的方式复制到异地，每次本地 I/O 交互都是正常释放，不用等待远程复制的完成。由于同步复制的等待过程会造成本地系统 I/O 时间长，且同步复制受制于网络时延，一般备份系统距离生产系统的网络线路不能超过 40 km，目前主要应用在数据中心内部局域网的备份，对于灾备系统的构建来说，基本采用异步复制。

而从复制技术上区分，主要分为基于数据库的数据复制、基于应用的数据复制、基于存储的数据复制。

1）基于数据库的数据复制

基于数据库的数据复制，在异地建立一个与源数据库相同的数据库，两个库的数据库通过逻辑的方式实时更新，当主数据库发生灾难时可及时接管业务系统，达到容灾的目的。采用数据库层面的数据复制技术进行灾备建设具有投资少、无须增加额外硬件设备、可完全支持异构环境的复制等优点。但是，该技术对数据库的版本和操作系统平台有较高的依赖程度。

2）基于应用的数据复制

应用层面的数据复制通过应用程序与主备中心的数据库进行同步或异步的写操作，以保证主备中心数据一致性，灾备中心可以和生产中心同时正常运行，既能容灾，又能实现部分业务的软负载。该技术与应用软件业务逻辑直接关联，实现方式复杂，实现和维护有一定难度。如开源软件 rsync 可以实现文件级别的同步，HBase 的 Replication 机制能够对数据文件进行多节点复制。

3）基于存储的数据复制

存储复制技术是基于存储磁盘阵列之间的直接镜像，通过存储系统内建的固件（firmware）或操作系统，利用 IP 网络或光纤通道等传输界面联结，将数据以同步或异步的方式复制到灾备中心。当然，大部分情况下必须以同等存储品牌和同等型号的存储系统控制器之间进行交互作为前提。在基于存储阵列的复制中，复制软件运行在一个或多个存储控制器上，非常适合大规模的服务器环境，主要原因是：独立于操作系统；能够支持 Windows 和基于 UNIX 的操作系统以及大型机（高端阵列）；许可费一般基于存储容量而不是连接的服务器数量；不需要连接服务器上的任何管理工作。由于复制工作被交给存储控制器来完成，在异步传输本地缓存较大时可以有效避免服务器开销较大的问题，从而使基于存储阵列的复制非常适合关键任务和高端交易应用。这也是目前应用最广泛的容灾复制技术之一。

大数据系统的一个特点是数据增量很大,无论采用哪种复制方法,都要对网络带宽有合理的估算。例如,日新增数据为 500 GB,则每秒需要新增数据 5.7 MB,网络带宽需满足该种数据同步需求。如果数据量实在太大,则可以考虑错峰传输备份数据,避免主数据中心和备份数据中心间的网络拥堵,但是这会造成 RPO 时间变长。

3. 灾备切换

灾备切换是一系列的组合操作,服务之间的先后启动顺序也有严格要求。例如,数据库作为资源的重要依赖需要优先启动,随后便是服务中间件与其中的注册服务,最后才是网络的切换割接。最好的方式是通过操作手册和自动化切换脚本对切换的步骤进行固化,并定期安排灾备演练进行验证。

(1)网络切换。网络切换主要分为 IP 地址切换、DNS 切换、负载均衡切换[4]。

IP 地址切换:生产中心和灾备中心主备应用服务器的 IP 地址空间相同,客户端通过唯一的 IP 地址访问应用服务器。在正常情况下,只有生产中心应用服务器的 IP 地址处于可用状态,灾备中心的备用服务器 IP 地址处于禁用状态。一旦发生灾难,管理员手工或通过脚本将灾备中心服务器的 IP 地址设置为可用,实现网络访问路径切换。

基于 DNS 服务器的切换:在这种方式下,所有应用需要根据域名来访问,而不是直接根据主机的 IP 地址来访问,从而通过修改域名和 IP 地址的对应关系实现对外服务的切换。

基于负载均衡设备的切换:负载均衡设备能够针对各种应用服务状态进行探测,收集相应信息作为选择服务器或链路的依据,包括 ICMP、TCP、HTTP、FTP、DNS 等。通过对应用协议的深度识别,能够自动对不同业务在主生产中心和灾备中心之间进行切换。

(2)应用切换。根据应用平时的启动状态,应用的备份方式主要有 4 种,如表 6-5所示。

表 6-5　应用的备份方式

备 份 方 式	灾备系统的应用启动状态
冷备	应用和系统软件都处在停止状态
温备	应用处在停止状态,数据库等系统软件处在启动状态
热备	应用处在启动状态,但不对外服务
双活	应用处在启动状态,同时对外服务

冷备和温备的应用在灾备切换时,需要启动应用程序;热备的应用在切换时需要更改应用状态;双活的应用在切换时只需要通过网络流量切换,把访问流量引导到灾备系统,RTO 最短。

(3)应用交互。具体的切换场景可以分为数据中心整体切换和部分切换,如果要做到部分切换,那么需要考虑应用的数据隔离、部分切换的服务交互机制、划分严格的切换边界。

如图 6-1 所示,在主中心,系统 A 和系统 B 都需要和系统 C 产生数据交互。当系统 A 区域发生严重故障,例如硬件层面损坏,本地无法恢复,需要考虑进行灾备切换时,如果系统 B 和系统 C 仍然工作正常，那么最佳方案是需要将系统 B 和系统 C 保持现状，只切换系统 A。此时需要注意，系统 A 和系统 C 之间的应用交互方式需要支持跨数据中心的网络时延，通常都在 1 ms 以上，否则无法切换。另外，在系统 A 切换到备份数据中心运行时，需要对 A 相关联的系统进行网络访问地址切换。

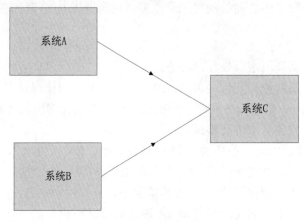

图 6-1　应用交互示意图

6.3.2　应急预案

为了方便在实际发生故障时能快速处理以恢复服务，需要对系统可能出现的各种故障做出详细预案。预案需要明确故障的适配场景、启用预案的触发条件、相关人员的职责，以及应急的操作步骤。其中，应急操作步骤包括可能的技术操作步骤（如重启进程）、业务操作步骤（如发出通知）等。

以一个交通信息管理的大数据系统为例，应急预案可能包括以下方面。

（1）针对系统整体故障，切换到灾备系统的应急预案。

（2）针对系统某些模块故障，如个别服务器、网络等，需要在本地进行服务器切换的应急预案。

（3）处置接口数据传输的应急预案，如当正常的数据采集渠道出现问题时，如何把数据传输/导入到处理系统中。

（4）处置特定业务场景，如登录、搜索功能的应急预案。

（5）处置已知缺陷或者历史上发生过问题的应急预案。

实际系统的风险点要求预案必须从实际情况出发综合考虑业务需求和系统架构，制定包含适配场景的预案，并且要对预案进行及时更新、测试和演练，保证预案的有效性和可操作性。

6.3.3　日常演练

定期对灾备切换等应急预案组织演练，主要有沙盘推演、模拟演练和真实切换。

1. 沙盘推演

沙盘推演指的是不做任何技术或者业务操作，仅仅是把应急预案推演一遍。通过推演，集中预案关联人员熟悉预案的内容，并讨论其中可能存在的问题与可操作性，验证预案中的组织方式和顺序关系。

2．模拟演练

模拟演练相对于沙盘推演又更接近真实场景，模拟演练一般在非生产的准正式环境中进行，如在测试环境或者灾难备份环境中按照应急预案的内容完成应急操作。模拟演练的逼真程度较高，通过模拟演练，能够发现技术层面和操作层面存在的问题。

3．真实切换

当技术水平和管理能力达到较高层次，在对于灾备系统建设和风险点的规避都已经比较成熟的前提下，一些企业或者组织会考虑通过真实切换，来验证备份系统的可靠性。通常，企业会选择在业务非高峰时段停止生产系统，将访问流量切换到灾备系统进行处理。一般敢于做真实切换的企业基本上灾备系统都做到了双活水平，RTO 和 RPO 趋近于 0，切换对用户访问不造成影响或者说用户的使用无感知异常。比如阿里巴巴会在双 11 间隙进行部分硬件的随机断电从而验证其并发业务的可靠性。

6.4　作业与练习

一、问答题

1．一个系统 24×365 小时对外服务，2017 年度中断服务 20 小时，该系统的可用性为多少？

2．简述脑裂现象是如何产生的。怎样避免？

3．请列出 3 种数据复制技术。

4．请列出 3 种常见的监控指标项。

二、判断题

1．保证可用性的核心思想是冗余。（　　）

2．例如灾难发生后，灾备系统花费了 1 小时将服务全部恢复，数据丢失了 15 分钟，则 RPO 是 1 小时，RTO 是 15 分钟。（　　）

3．灾备的日常演练就是真实切换。（　　）

参考文献

[1] 尒譽．高可用集群[EB/OL]．（2016-09-23）[2023-08-23]．https://blog.csdn.net/tjiyu/article/details/52643096．

第 7 章

变更及升级管理

应用系统变更是指开发或建设项目交付后，对生产运行系统配置单元现有状态进行新建、改变和消除等。应用变更管理是指在最短的中断时间内为完成基础架构或服务的任一方面的变更而对其进行控制的服务管理流程。变更管理的目标是确保在变更实施过程中使用标准的方法和步骤，尽快地实施变更，以将由变更所导致的业务中断对业务的影响降到最低。通常，根据变更的紧急程度和风险程度，可以将变更分为标准变更、紧急变更等。本章主要介绍了变更管理概述、变更管理流程以及变更配置管理等内容。

7.1 变更管理概述

7.1.1 变更管理目标

变更管理目标主要是指确保变更被记录然后被评估、授权、决定优先级、计划、测试、实施、记录和审核的一系列控制措施，将由变更所导致的业务中断对业务的影响降到最低。

7.1.2 变更管理范围

变更管理范围主要是指支撑业务服务的应用软件及其依赖的基础设施环境等基础配置项，在整个生命周期发生变化时的管理。

7.1.3 变更管理的种类

1. 标准变更

标准变更也称例行变更，是由变更管理预先批准的对服务和基础设施的变更。其具有一个既定的流程来提供变更请求服务，由这个标准变更授权批准每一个标准变更的发生。

标准变更关键在于以下几个方面。

❑　变更请求的发起是由一个已定义的场景或条件发起的。

❑　管理权限事先给予。

❑　低风险且易于了解。

一旦标准变更，管理方式被通过，标准变更流程和相关变更工作流程都应该被订制和被传达。标准变更流程应在建立变更管理流程初期就被订制。所有变更包括标准变更将有详细的变更记录。配置项目的标准变更在资产或配置项目生命周期中被跟踪。一些标准变更会被服务请求流程触发并由服务台直接记录和执行。

2．紧急变更

紧急变更被预留给旨在修复那些严重影响到业务的紧迫程度高的 IT 服务故障或者紧急的业务需求。一个紧急变更的授权级别和权力下放程度应该清楚地被记录和被了解。在紧急情况下，由 ECAB 批准。

紧急变更的测试仍是不可避免的，应避免那些完全未经测试的变更。当变更的实施未能解决错误时可能需要修补程序来迭代尝试。变更管理应确保业务是被优先考虑的。每次迭代都应在控制之下并确保失败的变更被及时退出。

7.1.4　变更管理的原则

变更管理的原则如下。

❑　应建立组织变更管理文化。

❑　变更管理流程与企业项目管理、利益相关者的变更管理流程要一致。

❑　职责分离。

❑　防止生产环境中的未授权变更。

❑　和其他服务管理进程一致从而可以追踪变更、发现未授权变更。

❑　明确变更窗口。

❑　严格评估影响服务能力的变更的风险和性能。

7.2　变更管理流程

7.2.1　变更的组织架构

变更的组织架构包括变更咨询委员会（CAB）、变更控制委员会（CCB）和紧急变更控制委员会（ECCB）。

7.2.2　变更的管理策略

变更管理的关键绩效指标和衡量标准如下。

❑　变更数量。

- 服务中断数量、因为错误规则导致的缺陷或返工、不完整或缺乏评估这类现象的减少。
- 未经授权的变更数量。
- 无计划变更和紧急修复的数量和百分比。
- 变更成功率。
- 变更失败的数量。
- 变更回退的数量。
- 紧急变更数量。

7.2.3　变更的流程控制

变更管理的主要活动有以下几项。
- 变更的规划和控制。
- 变更和发布的调度。
- 变更决策和授权。
- 度量和控制。
- 管理报告。
- 了解变更影响。
- 持续改进。

7.2.4　变更管理流程

1. 创建和记录变更请求

变更是由发起者通过一个请求发起的。对于一个能给组织或财政带来重大影响的变更，变更提议需要被完整说明，并要从业务和财政角度来说明。

变更记录保留了变更的所有历史痕迹，从变更请求和随后已设定的参数记录中获得信息，如优先和授权、执行和检查信息。变更记录的定义应在流程规划和设计时完成。变更文档的各类属性要尽量标准化。变更文档、相关记录和相关配置项都由配置管理系统更新。所有预算、实际资源、成本和结果都被管理报告记录。

2. 变更请求审核

应过滤以下变更。
- 不合理的变更请求。
- 过期、已接受、被拒绝或仍在审议中的被重复提交的变更请求。
- 提交不完整变更请求。

这些变更请求应退回给发起者并描述拒绝理由及简单细节，同时在日志中记录这一事项。

3. 变更评估

失败的变更引发的潜在影响和对于服务资产和配置的影响需要被考虑。变更以下 7

个问题能对变更进行评估。

- ❑　谁提出的变更。
- ❑　变更的原因。
- ❑　变更的回报。
- ❑　变更带来哪些风险。
- ❑　变更所需要的资源。
- ❑　谁负责建立、测试和实施变更。
- ❑　变更之间的关系。

4．变更的风险

可以根据变更的影响及问题发生的概率对变更的风险进行相应的区分，分区图如图 7-1 所示。

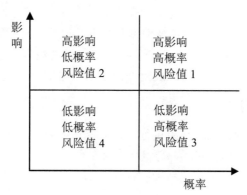

图 7-1　变更风险评估

5．分配优先次序

确定变更顺序是一项重要工作。每一个变更都包括发起人对影响的评估和变更的紧迫性。变更优先是来自于影响性和紧迫性的。最初的影响性和紧急度是由发起人提供的，但在变更授权流程中优先次序可能会被修改，所以风险评估在这一阶段就很重要。变更顾问组织为了评估实施或者不实施变更所引发的风险，需要业务影响信息。影响基于有利于业务的变更或由于错误变更造成的损失和成本。影响无法用绝对数值表示，但可以取决于某些事情或某些情况的可能性。

6．变更的规划和调度

仔细地规划变更可以确保变更管理流程中每一个任务都是明确的；明确其他流程所包含的任务；给那些变更和发布的供应商或项目提供多少流程接口。许多变更可能是属于一个发布的，有可能是设计、测试和发布。也有许多独立的变更组成一个发布，这可能造成复杂的依赖关系，导致难以管理。建议在变更管理中，调度变更时优先考虑业务而不是 IT 的需求。

事先商定和已确定的变更和发布窗口，能帮助组织改善计划和整个变更发布。只要有可能，变更管理就应安排授权，进行发布目标变更或部署软件包和分配相应资源。变更管理协调产品和变更日程的分配以及预计服务中断。变更日程包括所有授权实施变更及实施日期的详细信息。预计服务中断包含 SLA 协议和可用性中的变更细节。

7．变更的授权

特定类型变更的授权等级取决于变更种类、规模或风险。权力下放的程度即相应的授权程度，需考虑以下因素。
- 预期业务风险。
- 对财政影响。
- 范围变化。

8．协调变更执行

已授权的变更会被提交给执行变更的相关技术组，建议使用正规的方式来实现，便于对其进行追踪。变更管理应确保变更如期完成，管理主要起到协调作用，具体实施由其他人员负责。每个变更都应提前准备修复程序并将其文档化。因为实施期间或实施后发生错误时，这些程序需要在对业务最小影响下进行快速恢复。变更管理有监督的作用，确保变更是经过测试的。对于没有经过全面测试的变更需要在执行时特别关注。

9．变更回顾、关闭

变更完成后变更管理者应对结果进行评估。评估还要包括由变更引起的任何事件。变更回顾应确认变更是否达到目标、总结应吸取的经验并对今后的变更进行改进。变更若没有实现目标，变更管理应决定后续的行动，如果达到目标应关闭变更。

7.3　变更配置管理

为了管理大型复杂的 IT 服务和基础设施，资产和配置管理需要使用配置管理系统。在指定范围内配置管理系统掌握着所有配置项信息，配置管理系统为所有服务组件与相关事故、问题、已知错误、变更发布、文档、公司数据、供应商、客户信息做关联。具体可以参考本书第 1 章。

7.4　通用系统升级流程

任何一款软件在运营的过程中都需要进行版本升级，主要是对产品进行优化，包括修改 bug、新增功能、优化用户体验等。然而在系统升级过程中，任何一个因素或者操作均可能影响新系统的稳定性，其中技术风险是一个最主要的风险因素。通过升级新版本，旧系统中的数据能否成功地嵌入新系统，新旧系统之间的切换都有可能出现风险，为了降低升级带来的风险，规范化升级流程显得格外重要。

7.4.1　业务数据集环境备份

大多数系统在业务数据集存储上都会选择适配的数据库，以保证数据集中控制。数据库在所属的业务系统投入使用后，其要做的最重要的一件事就是数据库备份。数据库备份对于数据库来说至关重要，甚至就算从业务系统的层面把它说成是整个系统的生命线也不为过。

数据库有多种备份方式，比如脱机备份、联机备份；库级备份、表空间级备份；或者全量备份、增量备份等。每一种备份方式都相对有各自的优点和劣势。因此每种备份方法尽量去匹配最适合的需要备份的应用场景。

一般来说，每一个针对业务系统的应用程序版本变更，上线前都会留有一段时间窗口。在这个时间窗口内，程序上线变更之前，数据库最好做一次脱机全库备份。但是具体场景也要看数据库内的数据容量，然后细分为两种具体实施办法。不是上线前一定能做成脱机全库备份。

如果数据量不大，那么在上线当天，上线动作开始操作之前，首先对原版本业务系统的数据库进行一次离线的、脱机全库备份。

如果数据量特别大，甚至只是备份数据库的时间就要超过变更上线总申请的时间窗口，那么通常的做法就是，在上线的前一天（一般是半夜 12 点左右）进行一次在线的、联机全库备份。然后在上线当天，在上线动作开始操作之前，再对原版本业务系统的数据库进行一次在线增量的库级备份，以前一天的全量备份为基准。也就是说，数据量大的数据库要做两次备份，一次全量，一次增量。当然具体的实际工作中，还是要看备份的时间和程序上线预留窗口的时间来灵活决定。

根据当前各种业务系统的实际需要，数据库联机备份是最常见的备份方式，可以说99%以上的系统都使用联机备份。因为业务系统都越来越多地要求在 24 小时内对外提供服务，这样就没有系统的离线时间，也就没有可以进行脱机备份数据库的时间窗口。

7.4.2　系统升级部署的常用策略（蓝绿/滚动/灰度）

在项目迭代的过程中，不可避免地需要"上线"。上线对应着部署，或者重新部署；部署对应着修改；修改则意味着风险。目前有很多部署发布的技术，包括蓝绿发布、滚动发布、灰度发布。

1. 蓝绿发布

蓝绿发布中，一共有两套系统：一套是正在提供服务的系统，标记为"绿色"；另一套是准备发布的系统，标记为"蓝色"。两套系统都是功能完善的，并且正在运行的系统只是系统版本和对外服务情况不同。正在对外提供服务的老系统是绿色系统，新部署的系统是蓝色系统。

蓝色系统一开始并不对外提供服务，而是用来做发布前测试，测试过程中发现任何问题，可以直接在蓝色系统上修改，不干扰用户正在使用的系统。蓝色系统经过反复的测试、修改、验证，确定达到上线标准之后，直接将用户切换到蓝色系统，切换后的一段时间内，依旧是蓝、绿两套系统并存，但是用户访问的已经是蓝色系统。这段时间内观察蓝色系统（新系统）的工作状态，如果出现问题，直接切换回绿色系统。当确信对外提供服务的蓝色系统工作正常，不对外提供服务的绿色系统已经不再需要的时候，蓝色系统正式成为对外提供服务的系统，成为新的绿色系统。原先的绿色系统可以销毁，将资源释放出来，用于部署下一个蓝色系统。

蓝绿部署只是上线策略中的一种，它不是可以应对所有情况的万能方案。蓝绿部署能够简单快捷实施的前提是假设目标系统是非常内聚的，如果目标系统相当复杂，那么如何切换、两套系统的数据是否需要以及如何同步等，都需要仔细考虑。

2. 滚动发布

滚动发布一般是取出一个或者多个服务器停止服务，执行更新，并重新将其投入使用，周而复始，直到集群中所有的实例都更新成新版本。

相对于蓝绿发布，滚动发布只需要一台机（实际也可以使用多台），只需要将部分功能部署在这台机器上，然后替换正在运行的机器。例如，使更新后的功能部署在 newServer 上，然后使用 newServer 替换正在运行的 oldServer，替换下来的物理机又可以继续部署 newServer2 的新版本，然后去替换正在工作的 oldServer2，以此类推，直到替换完所有的服务器，至此服务更新完成。

滚动发布相对于蓝绿发布更加节省资源，但是也有其弊端。例如，在某一次发布中，我们需要更新 100 个实例，每次更新 10 个实例，每次部署需要 5 分钟。当滚动发布到第 80 个实例时，发现了问题，需要回滚，那么这个回滚就是一个痛苦且漫长的过程。

3. 灰度发布

灰度从字面意思理解就是存在于黑与白之间的一个平滑过渡的区域，所以说对于互联网产品来说，上线和未上线就是黑与白之分，而实现未上线功能平稳过渡的一种方式就叫作灰度发布。

17 世纪，英国矿井工人发现，金丝雀对瓦斯这种气体十分敏感。空气中哪怕有极其微量的瓦斯，金丝雀也会停止歌唱；而当瓦斯含量超过一定限度时，虽然鲁钝的人类毫无察觉，但金丝雀却已毒发身亡。当时在采矿设备相对简陋的条件下，工人们每次下井都会带上一只金丝雀作为"瓦斯检测指标"，以便在危险状况下紧急撤离，所以灰度发布也称为金丝雀发布。

灰度发布即让一部分用户继续用产品特性 A，一部分用户开始用产品特性 B，如果用户对 B 没有什么反对意见，那么逐步扩大范围，把所有用户都迁移到 B 上面来。灰度发布可以保证整体系统的稳定，在初始阶段就可以发现、调整问题，以保证其影响度。

7.4.3 业务服务验证

服务发布完成后，紧接着需要完成的就是对发布版本的测试验证，测试验证的范围按照重要性程度依次为重点服务验证、全范围回归性测试以及测试完成后的数据清理。

1. 关键重点服务验证

1）范围划分

重点服务测试是针对服务体系中的重点、核心业务进行功能性的测试，其中根据所发布版本与对应重点服务的关联程度，测试的重点程度也从高到低逐步下降。按照重点服务关联度可以将发布内容分为以下 4 块测试范围。

（1）版本直接涉及的核心业务。

（2）版本内所包含的功能点。

（3）版本间接关联的重点业务。

（4）不涉及版本的核心业务。

其中第一、第二两点应该作为版本测试重点关注的对象，如果在这两点中的测试出现问题，应立即熔断本次服务发布动作，并回滚本次服务发布动作，重新把版本转回开发侧。而针对此两点内容所对应的测试策略也不相同，涉及核心业务的版本应以保障已有业务完整性与功能性作为首要测试目标，版本的成功发布仅作为测试的参考性因素纳入决策项。而对版本内包含的功能点需要注意的是功能点本身的功能完整性与健康性。版本间接关联的重点业务在测试过程中所需要注意的是服务相互交叉关联的边界部分，需要进行测试覆盖。最后作为不涉及版本发布相关内容的核心业务，可以按照日常运维的检查规则，进行简略测试以防止关联功能点/关联硬件等各种情况的梳理遗漏。

上面内容从测试范围上确定了在版本发布时所要划分的目标范围以及不同测试范围所对应的权重策略，而表 7-1 则通过测试类型拆分出不同测试场景所对应的测试侧重点。

表 7-1　测试类型及对应侧重点

测 试 类 型	测试的侧重点
功能测试	按照测试软件的各个功能划分进行有条理的测试，在功能测试部分要保证测试项覆盖所有功能和各种功能条件组合
系统测试	对一个完整的软件以用户的角度来进行测试，系统测试和功能测试的区别是，系统测试利用的所有测试数据和测试的方法都要模拟成和用户的实际使用环境完全一样，测试的软件也是经过系统集成以后的完整软件系统，而不是在功能测试阶段利用的每个功能模块单独编译后生成的可执行程序
极限值测试	对软件在各种特殊条件、特殊环境下能否正常运行和软件的性能进行测试
	特殊条件一般指的是软件规定的最大值、最小值，以及在超过最大、最小值条件下的测试
	特殊环境一般指的是软件运行的机器处于 CPU 高负荷，或是网络高负荷状态下的测试，根据软件的不同，特殊环境也有所不同
性能测试	性能测试是对软件性能的评价。简单来说，软件性能衡量的是软件具有的响应及时度能力。因此，性能测试是采用测试手段对软件的响应及时性进行评价的一种方式。根据软件的不同类型，性能测试的侧重点也不同

最后我们详细了解一下测试的各个阶段。目前的测试阶段主要分为以下 4 个方面。

（1）单元测试：单元测试是对软件组成单元进行测试，其目的是检验软件基本组成单位的正确性，测试的对象是软件设计的最小单位——函数，同时使用假资料测试不同状况下功能的使用情况。单元测试还有助于开发人员编写更好的代码。单元测试基于 code 的可读性和可测试性。它们与开发代码的构建方式密切相关，因此开发人员最清楚哪些测试最有意义。

（2）集成测试：集成测试也称综合测试、组装测试、联合测试，是将程序模块采用适当的集成策略组装起来，对系统的接口及集成后的功能进行正确性检测的测试工作。其主要目的是检查软件单位之间的接口是否正确，集成测试的对象是否为已经经过单元测试的模块。

（3）系统测试：系统测试主要包括功能测试、界面测试、可靠性测试、易用性测试、性能测试。功能测试主要针对包括功能可用性、功能实现程度（功能流程&业务流程、数据处理&业务数据处理）方面进行测试。

（4）回归测试：回归测试（regression test）指在软件维护阶段，为了检测代码修改而引入的错误所进行的测试活动。回归测试是软件维护阶段的重要工作，有研究表明，回归测试带来的耗费占软件生命周期总费用的 1/3 以上。与普通的测试不同，在回归测试过程开始的时候，测试者有一个完整的测试用例集可以使用，因此，如何根据代码的修改情况对已有测试用例集进行有效的复用是回归测试研究的重要方向。

从系统的各个阶段可以看出，针对版本发布前的功能测试，主要适用的是单元测试及集成测试，而在发布至生产环境的验证场景则主要适配于系统测试及回归测试。然而就如回归测试定义中介绍的那样，回归测试是一项非常烦琐且耗时的测试工作，所以在以往的上线工作中，针对回归测试的环节，测试人员主要还是根据在测试阶段所编写的测试用例进行类似抽样性的大范围验证。受制于上线时间的要求，很难做到深入全范围覆盖性的回归测试。因此基于自动化/脚本式的回归性测试，将成为未来测试研究及行业应用的主要方向。

2）业务验证

业务连续性是指按照实际系统或软件中的业务场景进行连续通用性的连贯测试，用户在单元测试及系统测试环节其实已经完成了对单个功能的各种测试工作。然而，在某些业务场景下，需要的是多个服务接口甚至多个系统间的联合测试与组装测试、模拟业务人员的使用场景、连贯性地按照以往业务动作进行有序验证，这种测试不同于检查功能是否异常的系统性测试，而是把视角拔高至使用者身上，从需求合理性与业务连贯性上验证服务版本中各个功能的需求完成情况。例如，如果一个系统采购单中的某个工作流需求发生了版本变更，那么我们在完成对应版本上线的同时，需要验证原有这套工作流的功能是否能和原有流程保持一致，在此基础上，再去验证新变更的需求内容是否符合预期，是否和需求说明中的内容保持一致，是否从功能上或使用上完成了需求目标。最后是相关业务的连续性，需要尽可能地延伸变动内容的接触面，罗列及排查所有与此工作流有关联的业务动作（手机端、历史工作流单据、在途工作流单据、整个工作流体系中所涉及的场景，以往用户使用场景等），尽可能在所有的连续性业务场景中进行覆盖性测试。需要注意的是，不同于前置的技术性测试，这里所注重的是面向业务场景的测试，可以适当地接入真实的业务人员进行相对应的黑盒测试，以保证测试动作的真实有效。应该指出，前置的功能测试在技术层面奠定了版本的稳定性和功能性基础，而后续的业务验证则从实际业务场景出发，进一步确保了版本发布在业务逻辑层面的合理性和实际应用场景的适配效果。在从以上验证方向完成验证后，紧接着就是对系统服务的压力测试，这是对功能使用量上的边界性验证，也是对系统高并发负载能力的具象化体现。

3）压力测试

压力测试是指在特定系统资源匮乏的条件下运行测试，以测定软件及模块在系统满负荷、高并发用户使用情况下的运行情况，测试的资源包括内部内存、CPU 可用性、磁盘空间和网络带宽情况。当然有时为了验证指定生产环境的性能瓶颈以及极限场景，也会指定某个特定镜像环境进行测试动作。这种测试有点类似针对系统资源及系统运行环境层面的边界测试，目的是找到系统的性能瓶颈，评估实际使用场景下的效率情况，并提前预估是否需要对系统结构进行结构化调整及优化。

压力测试和性能测试的区别在于它们不同的测试目的。压力测试是为了发现系统能支持的最大负载，它的前提是要求系统性能处在可以接受的范围内，比如经常规定的页面 3 s 内响应；所以一句话概括就是：在性能可以接受的前提下，测试系统可以支持的最大负载。性能测试用来检查系统的反应、运行速度等性能指标，它的前提是要求在一定负载下，如检查一个网站在 100 人同时在线的情况下的性能指标、每个用户是否都还可以正常完成操作等。概括起来就是：在不同负载（负载一定时），通过一些系统参数（如反应时间等）检查系统的运行情况。比如我们说某个网站的性能差，严格上应该说在 N 个人同时在线的情况下，这个站点性能很差。像一个方程式：综合性能=压力数×性能指数。综合性能是固定的：软件压力测试是为了得到性能指数最小时候（可以接受的最小指数）最大的压力数，软件性能测试是为了得到压力数确定下的性能指数。

常见压力测试流程如下。

（1）明确压力测试需求、范围、场景。首先要确定测试数据库、测试用例设计等，由于压力测试对于环境的要求较高，因此基本软硬件、工具类以及测试场景的搭建都要准备好。

（2）存量数据规模。计划充足的存量数据对软件进行测试。

（3）确定操作用户数量、时间要求等。通过测试工具模拟操作用户数量，用户同时在线数量等，以及不同用户值情况下系统的响应时间等。

（4）记录测试过程中的问题。及时记录软件压力测试过程中显现出的问题，在出现 bug 时系统的反应时间以及自动解决的时间等，再交给软件开发进行修复处理。

（5）分析总结报告。做好压力测试总结工作，对测试过程中出现的问题以及进行的操作整理归档，以便后期查阅。

压力测试手段目前主要分为手工测试和自动化工具测试两种。采用手工测试不仅需要大量的测试人员和机器设备，还要考虑同步操作和对被测系统的同步监控的问题，所以执行起来有一定的局限性，测试结果不一定能够有效地为系统调优提供服务，还会耗费巨大的人力和物力资源。

相比之下，在压力测试中采用自动化测试工具能更快捷地解决问题。自动化测试工具可以在一台或多台机器上模拟成百上千的用户同时执行业务操作的场景，并可以很好地同步用户的执行时间，进行有效的实时监测。因此越来越多的压力测试项目中都用到了自动化的测试工具，自动化测试工具也在压力测试多方面的要求中得到了发展和改良。

4）流量切换

流量切换是经常被用在灰度上线以及滚动服务升级中的一种部署策略。在某些场景下，为了收集发布版本的一些特性反馈，企业会选择采取灰度上线的方式让少部分用户进行新发布版本的使用，此时可以在集群服务环境中选择一定比例的资源进行指定新版本的发布，并切入指定流量的用户分配到这些新版本节点中进行灰度线上测试，等待灰度测试结果无问题后再进行全部集群的版本发布，同步把流量均匀重分配到各个节点。而在滚动服务升级方案中，会把集群服务资源按照比例分为多个批次一次做版本发布，而在指定批次资源进行版本发布的过程中，需要通过流量组件对正在升级的批次资源进行流量切断，等待版本发布完成后再进行流量分配，并对下一个批次资源进行断流。

2．自动化测试工具

1）接口测试工具 ApiFox

如图 7-2 所示，ApiFox 是 API 文档、调试、Mock、测试一体化协作平台，定位于 Postman+Swagger+Mock+JMeter，通过一套系统、一份数据，解决多个系统之间的数据同步问题。只要定义好 API 文档，API 调试、API 数据 Mock、API 自动化测试就可以直接使用，无须再次定义；API 文档和 API 开发调试使用同一个工具，API 调试完成后即可保证和 API 文档定义完全一致。其功能模块主要包含以下几个。

图 7-2 ApiFox 客户端

（1）接口文档定义：ApiFox 遵循 OpenApi 3.0（原 Swagger）、JSON Schema 规范的同时，提供了非常好用的可视化文档管理功能，零学习成本，非常高效。

（2）接口调试：Postman 有的功能，比如环境变量、预执行脚本、后执行脚本、Cookie/Session 全局共享等功能，ApiFox 都有，并且和 Postman 一样高效好用。

（3）数据 Mock：内置 Mock.js 规则引擎，非常方便 Mock 出各种数据，并且可以在定义数据结构的同时写好 Mock 规则。支持添加"期望"，根据请求参数返回不同 Mock 数据。最重要的是，ApiFox 零配置即可 Mock 出非常人性化的数据，具体内容将在后文介绍。

（4）接口自动化测试：提供接口集合测试，可以通过选择接口（或接口用例）快速创建测试集。

2）测试问题管理工具 JIRA

JIRA 是目前比较流行的基于 Java 架构的管理系统，由于 Atlassian 公司对很多开源项目实行免费提供缺陷跟踪服务，因此在开源领域，其认知度比其他的产品高得多，而且易用性也好一些。同时，开源也是该工具的另一特色，用户购买其软件的同时，也就将源代码购置进来，方便做二次开发。JIRA 功能全面，界面友好，安装简单，配置灵活，权限管理以及可扩展性方面都十分出色。

JIRA 作为一个缺陷跟踪管理系统，可以被企业管理人员、项目管理人员、开发人员、分析人员、测试人员和其他人员广泛使用。每个角色所对应的功能职责如下。

（1）管理人员：根据 JIRA 系统提供的数据，更加准确地了解项目的开发质量和状态，以及整个团队的工作效率。

（2）项目管理者：可以针对登记到 JIRA 系统中的问题进行评估，分配缺陷；还可以通过 JIRA 系统的统计报告了解项目进展情况以及团队的工作量、工作效率等信息。

（3）开发人员：在 JIRA 系统中查看分配给自己的问题，及时进行处理，填写处理情况并提交工作量记录。

（4）测试人员：根据测试情况，在 JIRA 系统中及时快速地记录问题并对开发人员处理后的问题进行验证和跟踪。

3）压力测试工具 LoadRunner

LoadRunner 是一种预测系统行为和性能的负载测试工具，通过模拟实际用户的操作行为进行实时性能监测，来帮助测试人员更快地查找和发现问题。LoadRunner 适用于各种体系架构，能支持广泛的协议和技术，为测试提供特殊的解决方案。企业通过 LoadRunner 能最大限度地缩短测试时间，优化性能并加速应用系统的发布周期。

LoadRunner 提供了三大主要功能模块，既可以作为独立的工具完成各自的功能，又可以作为 LoadRunner 的一部分彼此衔接，与其他模块共同完成软件性能的整体测试，这三大模块分别如下。

❑ Virtual User Generator——用于录制性能测试脚本。

❑ LoadRunner Controller——用于创建、运行和监控场景。

❑ LoadRunner Analysis——用于分析性能测试结果。

LoadRunner 所提供的测试流程。

（1）规划测试：确定测试要求，如并发用户数量、典型业务场景流程、测试计划、设计用例等。

（2）创建 Vuser 脚本：使用 Virtual User Generator 录制、编辑和完善测试脚本。

（3）定义场景：使用 LoadRunner Controller 设置测试场景。

（4）运行场景：使用 LoadRunner Controller 驱动、管理并监控场景的运行。

（5）分析结果：使用 LoadRunner Analysis 生成报告和图表并评估性能。

3. 测试数据清理

版本测试完成后，一般需要对测试过程中产生的垃圾数据进行及时清理，保留历史数据的完整性，并方便后续的数据割接与环境使用。其中，比较常见的方式是指定测试入场前的某个时间点，备份整个环境中的数据及环境信息，构建对应的快照版本信息，留取快照信息作为生产环境恢复的基本依据。编写对应的快照还原脚本，方便整个环境快速地完成初始化还原动作。事实上，无论后续采取怎样的数据清理动作，构建备份环境快照都应作为首要保障动作进行提前执行，这既是对数据安全的重要保障，也是对意外发生时生产恢复的一种后备手段。

针对测试完成后的环境，一般我们有两种方式来保障整个环境的垃圾数据清理，分别是脚本初始化还原以及增量数据清理。

脚本初始化还原是一种非常直接有效且非常常见的数据清理手段，通过 SQL 脚本或前置备份的环境快照，直接把整个生产环境恢复到备份时间节点，并通过脚本重新部署对应的更新版本。这种动作一般对环境改动较大，相当于重新通过快照镜像直接搭建出一套一模一样的生产环境，原有的所有记录及服务器数据都将被丢弃。其好处也是非常明显的，用户在测试过程中无须进行任何数据标记，也不需要考虑数据的变更及还原，所有数据的恢复都依赖于版本快照的记录，只要是版本记录中包含的数据，用户都可以随意进行测试与调整。

另一种方式即增量数据清理，这种方式需要我们人为地隔离出测试数据与原始数据两部分内容，并且在测试完成后能够快速地定位到测试数据范围，并对这些测试数据进行清理还原。根据以上的规则，增量数据清理需要注意以下几点。

（1）为原始的数据划定边界，边界外的数据都是可以进行清理的测试数据。

（2）每次测试都对测试所产生的数据进行标记管理，确保测试的数据全部被囊括在清理计划中。

（3）针对一些由于测试发生变更的历史数据，需要通过特定脚本或恢复工具，在测试结束后还原为真实的原数据。

（4）伴随测试过程所产生的历史记录，如日志、操作记录、登录历史、留痕等信息，都要按照实际情况及时进行清理和消除。

（5）原则上所有的测试动作都不应对原始数据产生影响，需要保留对历史数据的备份以供后续核查。

随着容器化技术的逐步普及，容器化技术也慢慢被应用到测试场景中，将整个线上生产环境容器化转为一个个镜像副本。通过实例化副本的方式，我们可以快速地模拟出一个与生产环境近乎一致的测试环境，针对此测试环境的任何操作都可以等同于生产操作的同步模拟，并且最为关键的是，环境的销毁与恢复可以通过虚拟化技术快速实现，大大地减少了运维中各种数据同步与数据清理动作，给测试数据清理带来了更为简洁有效的技术支撑。

7.4.4　数据割接与用户割接

数据割接是指在版本发布完成后，线上系统对历史数据的统一化迁移与导入动作。根据不同系统更新场景以及历史数据规模，数据割接的方式也不尽相同，按照割接批次主要分为以下 3 类：一次性割接、阶段性割接、持续性导入。而如何适配三类割接方式也要参考以下几点业务特征。

（1）数据状态：库中的数据是否拥有不同的数据状态，这种状态主要体现在数据本身是否进入最终业务状态并不再发生变化。例如，针对订单数据，在途订单与已完成订单是两种不同状态，在数据割接时，针对在途订单，会尽量将其保留在原系统中直至进入完成状态才会导入最后的目标库。而采取这种策略的主要原因，也是基于系统本身的升级能力是否可以兼容变化中状态的业务适配。

（2）是否兼容变化状态：不同的数据状态是否能在系统中匹配在途业务，例如在途订单状态是否能在新版本中完成状态变更。

（3）数据转化：数据的割接过程中是否需要进行结构的调整是数据转化过程中的重要特征，一般需要通过数据转换的源数据内容基本需要考虑批次化分割切分。特别是转化过程中产生异常的数据需要进行标记与记录，后续由人工方法重新梳理导入。暂时忽略错误数据并保证后续转化进程的顺利执行，是数据转换工具所应具备的必要指标。

（4）持续增量数据：在关闭数据入口后，增量数据有时并不会马上停止入库，业务流量会导致仍有部分状态变化频繁的增量数据继续入库，数据是否符合批次性割接，也要参考这部分数据热度的逐步降低。在某些特殊场景下，持续接入的增量数据会要求割接过程进行多次数据迁移，通过各种业务方法将数据热度降到最低，并逐步把全部数据归纳至最终状态，从而这些终态数据可以被全部迁移到目标的数据库中。

1．数据一次性割接

一次性割接是在版本发布后，直接对所有数据进行一次性迁移导入，数据不区分状态全部灌入目标版本库中进行使用。导入后的数据不再做增量数据迁移，割接完成即全部数据导入完成。一次性割接比较适合小规模常态性系统数据割接，数据割接前后的数据格式变化不大或者基本没有改变、数据割接前后的数据使用方式及字段使用方式基本无差异、基础数量不大，并且数据热度较低的源数据库。

2．数据阶段性割接

阶段性割接是指在版本发布前、中、后 3 个阶段，根据不同阶段目标分批次对数据进行割接迁移动作。3 个阶段分别为：版本发布前的数据降温阶段、版本发布后的数据迁移阶段以及最后的余量数据一次性迁移阶段。

在版本发布前的数据降温阶段，通过短暂关闭数据单据入口减少系统中的增量单据数量，并通过业务通告、增加提示等方式提醒用户尽快完成账户下的已有单据，目标是通过各种技术与业务手段尽可能降低数据热度，减少数据状态变化，并尽可能把数据归档至数据终态。

在版本发布后的数据迁移阶段，需要把数据按照热度规模尽量平均地分配为多个批次，在第一批次尽量多地迁移大批量热度较低的冷数据。把热度较高的数据放在后置批次。当所有数据都进入最终状态后，在最后阶段把所有余量数据一次性迁移，从而完成批次数据割接动作。虽然在定义上，数据都会在指定计划时间内进入最终状态，但实际割接过程却很难保证数据的阶段性归档。所以为了保证各个阶段的按时完成，针对少批量未在指定时间完成的数据进行归纳收集，并在最后阶段进行个性化处理。具体的处理方案可以选择用新数据替代或是归档至历史数据档案中进行封存冻结。最后总结阶段性割接，要点如下。

（1）在版本发布前置阶段通过各种手段降低数据整体热度。

（2）在前置批次尽量多地迁移尽可能多的冷数据。

（3）不因为少量数据迁移问题影响整个迁移阶段，迁移过程需要考虑对数据迁移错误的容错，对错误数据进行记录收集，但不能影响整体迁移计划与各个阶段的完成时间。

（4）在最后余量数据一次性导入阶段，针对前期迁移过程的错误数据进行个性化处理。

3. 数据持续性导入

相对于数据阶段性割接的阶段化入库，数据持续性导入是通过划定数据同步时间段、数据同步工具应用、数据任务运行等方式持续性地把数据逐步迁移到目标库中。从动作上看，这种持续性导入的方式更加接近大数据中数据采集的方式，主要是针对大规模及超大规模等资源型数据系统迁移。由于数据规模较大，所以同步的过程更加依赖于自动化的可维护脚本以及迁移工具的稳定性与兼容性。另外，针对重要复杂格式数据的迁移，由于需要对数据本身进行复杂业务的格式重组/降维/拆分，因此也可以采用这种持续性导入的方式对数据进行迁移处理。

持续性的数据导入对自动化要求很高，基本针对每个不同系统的数据迁移都会开发对应的同步服务进行定制化迁移，而一般这些迁移服务基本都要符合以下几点要求。

（1）处于效率考虑，服务会采用小批次数据包方式进行批量逐批次同步，每批次同步的数据量根据同步工具所具备的资源进行动态调整。

（2）同步过程可以拆分为读取与录入两个阶段，读取阶段负责对源数据进行读取并进行打包命名及格式检查。录入阶段需要对读取阶段端的数据包进行对应的数据稽核，包括对数据格式的校验以及数据连续性的检查，并最后导入目标数据源中。

（3）每批次最小颗粒度数据包需要遵循一定的命名规范并包含稽核文件，从而保证数据包本身可以通过基本的数据核验。数据包的命名除了包含对应的打包日期，还需要有连续性及可读性，方便用户离线人工处理。稽核文件记录了数据包所包含的数据导入量、数据包连续性流水号、数据关联日期区间等信息，确保数据的读取严格按照指定顺序，从而避免了数据遗漏。

（4）和前文所描述的阶段导入类似，数据同步工具也需要具备容错性，即当某个数据包产生错误时，错误会被记录并跳过当前错误数据包，继续下一数据包的读取，不会影响整个数据导入过程。由于整个同步过程都是自动化后台运行，缺少了人工的干预，因此也意味着需要对出错的数据包进行更加详细的日志记录与自动化处理。

（5）同步任务完成时，出具对应的同步结果报告，描述已同步的数据量、业务数据范围及出错数据包等相关信息；可同时对出错数据包进行重新整理，输出到指定目录，等待人工处理。

（6）一般大型的数据资源系统会存在多个版本的同类数据，所以同步数据的过程也是慢慢整理数据差异的过程，针对库中的各种差异化数据，需要及时调整服务或者工具的处理逻辑，修复工具处理逻辑上的遗漏以增加工具的数据兼容性。

（7）有些生产的线上库会存在一大批历史的完结数据，这类数据确定不会在后续业务服务中继续产生作用，而在当前库中也仅仅作为备查稽核来使用。一般出于数据瘦身考虑，会针对数据构建历史档案库，把这类数据迁移至档案库中备查，档案库需要具备查询功能的同时也要同步保留数据原有的业务关系，同时可以对原有业务关系进行深度还原与数据追溯。这么做主要是为了对已有的多个版本进行版本统一，筛除、淘汰一些历史过期版本数据，增加已有数据的适配能力。

综合上面介绍的内容可以看出，其实从实施角度看，3 种数据割接方式仅仅是根据数据处理批次进行了逻辑上的划分，并没有较严格的边界定义。虽然每种数据割接方式都有其比较明显的场景使用特征，但是其中的实施方法与要素其实是可以根据实施需要进行交叉参考使用的。例如，针对格式要求很严格、准确性要求更高的范本类数据与元数据，即使数据量很小也可以开发自动化同步工具进行更加严格的数据同步。或者针对较大规模但是格式相对简单且一样的流水数据，只要控制好割接过程中的变量因素，也可以使用分批次的方式直接同步到目标库中，不但更加方便，在割接成本上也更加高效快捷。

7.4.5　回滚策略

项目回滚是指当版本发布正式环境后，通过测试发现重大版本缺陷或者是对核心业务造成重大影响导致主要业务无法继续对外提供服务，甚至直接影响后续用户使用时，需要对当前服务出现异常的版本进行撤回，这种把当前线上环境重新恢复至上线前版本的整个回退过程被称为版本回滚。

当发布版本符合以下条件之一时，需要对版本执行回滚动作。

（1）发布版本存在重大功能缺陷，并有可能在未来某个场景引起更大问题时。

（2）发布版本已经产生故障性问题，并直接导致服务中断，业务无法继续使用时。

（3）发布版本存在重大安全隐患，上线后可能引起数据泄漏、网络攻击、数据交互无法保证等问题时。

（4）发布版本对已有线上关联业务产生严重影响，导致关联核心业务出现服务中断、服务异常、服务超时等情况时。

（5）根据用户反馈，上线版本不能满足已有需求，并对需求实现存在偏差并导致用户业务出现异议时。

（6）引起其他不可控场景时。

虽然版本回滚是所有运维/研发人员都不希望出现的场景，但是作为常态版本发布的必要环节之一，每次版本发布都要提前准备好对应可执行可落地的版本回滚方案以应对突发系统问题所引起的回滚动作。

1. 回滚版本追溯

当版本回滚计划确定时，最先需要确定的就是追溯回滚的目标版本。通过历史的版本发布记录，找到最近的生效版本记录，依据对应的版本记录重新获取版本资源内容，准备版本回滚脚本并编写回滚记录。这里我们把回滚资源简单地分为两类资源，即数据资源与服务资源，并按照准备的回滚方案执行对应的回滚步骤。

2. 数据回滚

一般情况下，在版本发布的前置动作中都会包含对业务数据集的备份，这些数据的备份脚本可以在数据回滚时直接运行还原。一般针对数据库的文件主要包含 sql、dump、psc 或者 nb3 等文件。除了数据库相关的备份文件，需要注意的是数据文件，还包括文件目录中的数据资源目录、相关文件资源以及系统日志文件等。这类文件及目录一般通过人为手工进行清理和还原，如果存在对应的系统快照备份，指定文件目录也可以从快照中直接还原。文件与目录相对数据库记录来说，有资源变化较少、占用空间大、系统影响相对较小等特点，提前给系统进行快照备份可以极大减少数据回滚过程中的这部分人工操作，加快数据回滚的处理进程。

3．服务回滚

服务回滚相对数据回滚操作来说会简单很多，只要把部署发布的版本所涉及的内容同步还原就可以完成服务的回滚，而服务回滚的 3 个重要位置分别为前端服务包、后端服务包以及相关连接信息对应的配置文件。这 3 块内容需要作为重点回滚检查对象，列入回滚计划中进行仔细检查。除此之外，对于服务回滚更需要注意的是对版本的把控，精准记录最近线上有效版本的后台应用及前台服务，并记录生成对应版本标签，梳理成对应的版本回滚记录以为后续发布提供依据。

在主题业务服务回滚后，需要扫描审查可能会涉及的其他第三方服务的业务关联，进一步排查关联业务的服务回滚，保证整个服务环境的完整性回滚。

当所有回滚动作完成后，紧接着就是对回滚后环境的回归性测试。测试除了需要侧重检查发布的版本内容，还需要对所有回滚环境的全部业务进行覆盖性回归测试，测试范围需要尽可能广，除了对目标系统进行功能测试，还需要安排特定运维人员对系统的资源进行全面检查，以确保资源内容出现遗漏。

🔺 7.5 作业与练习

一、填空题

1．变更管理目标是确保变更被记录然后＿＿＿＿＿＿＿＿＿＿的一系列控制措施。

2．通常，变更分为＿＿＿＿＿和＿＿＿＿＿。紧急变更是被预留给旨在修复那些严重影响到业务的紧迫程度高的 IT 服务故障。

3．通常，变更的组织架构包括：＿＿＿＿＿，全称为＿＿＿＿＿；以及＿＿＿＿＿，全称为＿＿＿＿＿＿＿＿。

二、问答题

1．简要描述变更管理的活动流程。

2．简要描述发布管理的活动流程。

3．简要描述变更管理的关键绩效指标和衡量标准。

4．简要描述发布管理的关键绩效指标和衡量标准。

🔺 参考文献

[1] rake1．ITIL V3 服务转换篇：概述[EB/OL]．（2010-06-17）[2023-08-23]．https://blog.51cto.com/iso20000/334210．

第 8 章

运维场景应用

本章简要介绍大数据、微服务、云原生的运维场景。随着时间的推移，整个系统的底层组件需要不断进行升级。其中 HDFS 的升级是 Hadoop 集群升级的关键，而 HDFS 升级中最重要的是 namenode 的升级。随着系统架构的演变，每个应用都被拆分成了一个个的服务。拆分服务也会带来一系列的问题，例如系统的复杂性、运维压力、通信成本、性能和监控难度等都在增加。因此怎样有序地管理服务、监控服务，从而提升系统的稳定性变得格外重要。

8.1 运维场景描述

大数据运维场景下，HDFS 升级是 Hadoop 集群升级的关键，而 HDFS 升级中最重要的是 namenode 的升级；Spark 并不是传统意义上"安装"在集群上的，用户使用时只需要下载并解压合适的版本、进行一定的配置并修改 SPARK_HOME 等环境变量即可；Hive 升级是向下兼容的，但是升级之后，在初始化阶段，会改变之前元数据的一些表结构，再用低版本的 Hive client 端访问元数据就会提示错误；ZooKeeper 升级采用逐台重启，并且以先 Follower 最后 Leader 的方式升级。

在微服务运维场景下，传统的一站式应用根据业务拆分成一个一个的服务，每个微服务提供单个业务功能的服务，一个服务做一件事情。但是拆分服务也会带来一系列的问题，例如系统的复杂性、运维压力、通信成本、性能和监控难度等都在增加，因此怎样有序地管理服务、监控服务，从而提升系统的稳定性变得格外重要。

在云原生运维场景下，可以基于云计算交付模型的优势来构建和运行应用程序，充分利用和发挥云平台的"弹性+分布式"优势，实现快速部署、按需伸缩、不停机交付等。因此，支撑这些特性的技术——Docker、k8s 的学习就显得格外重要。

8.2 运维应用版本升级

8.2.1 Hadoop 升级管理

Hadoop 是一个分布式系统基础架构，由 Apache 基金会开发。用户可以在不了解分布式底层细节的情况下，开发分布式程序。充分利用集群的威力高速运算和存储。简单地说，Hadoop 是一个可以更容易开发和运行处理大规模数据的软件平台。

Hadoop 实现了一个分布式文件系统（hadoop distributed file system，HDFS）。HDFS 具有高容错性（fault-tolerent）的特点，被设计部署在低廉的（low-cost）硬件上，可以提供高传输率（high throughput）来访问应用程序的数据，适合那些具有超大数据集（large data set）的应用程序。HDFS 放宽（relax）了 POSIX 的要求（requirements），这样可以流的形式访问（streaming access）文件系统中的数据。

下面列举 Hadoop 的一些主要特点。

❑ 扩容能力（scalable）：能可靠地（reliably）存储和处理皮字节（PB）数据。

❑ 成本低（economical）：可以通过普通机器组成的服务器群来分发以及处理数据。这些服务器群总计可达数千个节点。

❑ 高效率（efficient）：通过分发数据，Hadoop 可以在数据所在的节点上并行地（parallel）处理它们，这使处理变得非常快速。

❑ 可靠性（reliable）：Hadoop 能自动地维护数据的多份复制，并且在任务失败后能自动重新部署（redeploy）计算任务。

1．Hadoop 升级风险

Hadoop 升级最主要的是 HDFS 的升级。HDFS 升级的成功与否是升级的关键，如果升级出现数据丢失，则其他升级就变得毫无意义。

2．HDFS 的数据和元数据升级

HDFS 是一种分布式文件系统层，可以对集群节点间的存储和复制进行协调。HDFS 确保了无法避免的节点故障发生后数据依然可用，可以将其用作数据来源，存储中间态的处理结果，并存储计算的最终结果。

❑ 下载 hadoop2.4.1，${HADOOP_HOMOE}/etc/hadoop/hdfs-site.xml 文件中 dfs.namenode.name.dir 和 dfs.datanode.data.dir 属性的值分别指向 Hadoop1.x 的 ${HADOOP_HOME}/conf/hdfs-site.xml 文件中 dfs.name.dir 和 dfs.data.dir 的值。

❑ 升级 namenode：/usr/local/hadoop 2.4.1/sbin/hadoop-daemon.sh start namenode –upgrade。

❑ 升级 datanode：/usr/local/hadoop 2.4.1/sbin/hadoop-daemon.sh start datanode。

升级 HDFS 花费的时间不长，但比启动集群的时间多 2～3 倍，升级丢失数据的风险几乎没有。具体可以参考如下代码。

❑ namenode 升级：org.apache.hadoop.hdfs.server.namenode.FSImage.doUpgrade

（如果想查看 apache hadoop 版本是否可以升级到 hadoop2.4.1，可以在这里查阅代码判断，apache Hadoop 0.20 以上的都可以升级到 apache hadoop 2.4.1）。

❑ datanode 升级：org.apache.hadoop.hdfs.server.datanode.DataStorage.doUpgrade org.apache.hadoop.hdfs.server.datanode.BlockSender。

如果升级失败，可以随时回滚，数据会回滚到升级前的那一刻，而升级后的数据修改全部失效。回滚启动步骤如下。

（1）启动 namenode：/usr/local/hadoop1.0.2/bin/hadoop-daemon.sh start namenode –rollback。

（2）启动 datanode：/usr/local/hadoop1.0.2/bin/hadoop-daemon.sh start datanode –rollback。

3．YARN 升级配置

YARN 是 yet another resource negotiator（另一个资源管理器）的缩写，可充当 Hadoop 堆栈的集群协调组件。该组件负责协调并管理底层资源和调度作业的运行。通过充当集群资源的接口，YARN 使用户能在 Hadoop 集群中使用比以往的迭代方式更多类型的工作负载。

由于任务计算都使用 Hive，所以 YARN 的升级很简单，只需启动 YARN 即可。唯一要注意的是，从 MapReduce 升级到 YARN，资源分配方式变化了，所以要根据自己的生产环境修改相关的资源配置。YARN 遇到的兼容问题很少。

在任务计算中遇到更多问题的是 Hive，Hive 的版本从 0.10 升级到 0.13，语法更加苛刻、严格，所以升级前，应尽可能测试 Hive 的兼容性。Hive 0.13 可以运行在 Hadoop 1.02 版本上，所以升级到 Hadoop 2 版本之前，先升级 Hive 到 Hive 0.13 版本以上，如果遇到问题，并没有什么好办法，通常就是修改 Hive SQL、修改 Hive 参数。

YARN 任务无故缓慢，一个简单的任务本来需要 30 秒，但经常会出现 5 分钟都无法完成的现象，经过跟踪，可以发现是 nodemanager 启动 container 时，初始化 container（下载 jar 包，下载 job 描述文件）代码为同步状态，这时可以修改代码，把初始化 container 的操作修改为并发，即可解决该问题。

8.2.2 Spark 升级管理

Apache Spark 是一个围绕速度、易用性和复杂分析构建的大数据处理框架。最初在 2009 年由加州大学伯克利分校的 AMPLab 开发，并于 2010 年成为 Apache 的开源项目之一。与 Hadoop 和 Storm 等其他大数据和 MapReduce 技术相比，Spark 有如下优势。

首先，Spark 提供了一个全面、统一的框架，用于管理各种有着不同性质（文本数据、图表数据等）的数据集和数据源（批量数据或实时的流数据）的大数据处理的需求。

Spark 可以将 Hadoop 集群中的应用在内存中的运行速度提升 100 倍，甚至能够将应用在磁盘上的运行速度提升 10 倍。

Spark 让开发者可以快速地用 Java、Scala 或 Python 编写程序。它本身自带了一个数量超过 80 的高阶操作符集合，开发者可以用它在 shell 中交互式地查询数据。

除了 Map 和 Reduce 操作，Spark 还支持 SQL 查询、流数据、机器学习和图表数据处理。开发者可以在一个数据管道用例中单独使用某一能力或者将这些能力结合在一起使用。

1．Spark 特性

Spark 通过在数据处理过程中成本更低的洗牌（shuffle）方式，将 MapReduce 提升到一个更高的层次。利用内存数据存储和接近实时的处理能力，Spark 比其他的大数据处理技术的性能快很多倍。

Spark 还支持大数据查询的延迟计算，这可以帮助优化大数据处理流程中的处理步骤。Spark 还提供高级的 API 以提升开发者的生产力，除此之外，还为大数据解决方案提供一致的体系架构模型。

Spark 将中间结果保存在内存中而不是将其写入磁盘，当需要多次处理同一数据集时，这一点特别实用。Spark 的设计初衷就是作为既可以在内存中工作又可以在磁盘上工作的执行引擎。当内存中的数据不适用时，Spark 操作符会执行外部操作。Spark 可以用于处理大于集群内存容量总和的数据集。

Spark 会尝试在内存中存储尽可能多的数据，然后将其写入磁盘。它可以将某个数据集的一部分存入内存而将剩余部分存入磁盘。开发者需要根据数据和用例评估对内存的需求。Spark 的性能优势得益于这种内存中的数据存储。

Spark 的其他特性包括以下方面。

❑　支持比 Map 和 Reduce 更多的函数。

❑　优化任意操作算子图（operator graphs）。

❑　可以帮助优化整体数据处理流程中的大数据查询的延迟计算。

❑　提供简明、一致的 Scala、Java 和 Python API。

❑　提供交互式 Scala 和 Python Shell。目前暂不支持 Java。

Spark 用 Scala 程序设计语言编写而成，运行于 Java 虚拟机（JVM）环境之上。目前支持编写 Spark 应用的程序语言有以下几种。

❑　Scala。

❑　Java。

❑　Python。

❑　Clojure。

❑　R。

2．Spark 生态系统

除了 Spark 核心 API，Spark 生态系统中还包括其他附加库，可以在大数据分析和机器学习领域提供更多的能力。这些库包括以下方面。

1）Spark Streaming

Spark Streaming 基于微批量方式的计算和处理，可以用于处理实时的流数据。它使用 DStream，简单来说，就是一个弹性分布式数据集（RDD）系列，处理实时数据。

2）Spark SQL

Spark SQL 可以通过 JDBC API 将 Spark 数据集暴露出去，而且还可以用传统的 BI

和可视化工具在 Spark 数据上执行类似 SQL 的查询。用户还可以用 Spark SQL 对不同格式的数据（如 JSON、Parquet 以及数据库等）执行 ETL，将其转化，然后暴露给特定的查询。

3）Spark MLlib

Spark MLlib 是一个可扩展的 Spark 机器学习库，由通用的学习算法和工具组成，包括二元分类、线性回归、聚类、协同过滤、梯度下降以及底层优化原语。

4）Spark GraphX

GraphX 是用于图计算和并行图计算的新的（alpha）Spark API。通过引入弹性分布式属性图（resilient distributed property graph）——一种顶点和边都带有属性的有向多重图，扩展了 Spark RDD。为了支持图计算，GraphX 暴露了一个基础操作符集合（如 subgraph、joinVertices 和 aggregateMessages）和一个经过优化的 Pregel API 变体。此外，GraphX 还包括一个持续增长的用于简化图分析任务的图算法和构建器集合。

8.2.3　Hive SQL 升级管理

Hive 是基于 Hadoop 构建的一套数据仓库分析系统，它提供了丰富的 SQL 查询方式来分析存储在 Hadoop 分布式文件系统中的数据，可以将结构化的数据文件映射为一张数据库表，并提供完整的 SQL 查询功能。可以将 SQL 语句转换为 MapReduce 任务进行运行，通过自己的 SQL 去查询分析需要的内容，这套 SQL 简称 Hive SQL，使不熟悉 MapReduce 的用户可以很方便地利用 SQL 语言查询、汇总、分析数据。而 MapReduce 开发人员可以把自己写的 mapper 和 reducer 作为插件来支持 Hive 做更复杂的数据分析。

Hive 与关系型数据库的 SQL 略有不同，但支持了绝大多数的语句如 DDL、DML 以及常见的聚合函数、连接查询、条件查询。Hive 不适合用于联机（online）事务处理，也不提供实时查询功能。它最适合应用在基于大量不可变数据的批处理作业。

Hive 的特点具有可伸缩（在 Hadoop 的集群上动态添加设备）、可扩展、容错，以及输入格式的松散耦合。

1. Hive SQL 体系结构

Hive SQL 主要分为以下几个部分。

1）用户接口

用户接口主要有 3 个：CLI、Client 和 WUI。其中最常用的是 CLI。CLI 启动时，会同时启动一个 Hive 副本。Client 是 Hive 的客户端，用户连接至 Hive Server。在启动 Client 模式时，需要指出 Hive Server 所在节点，并且在该节点启动 Hive Server。WUI 是通过浏览器访问 Hive 的。

2）元数据存储

Hive 将元数据存储在数据库中，如 MySQL、Derby。Hive 中的元数据包括表的名字、表的列和分区及其属性、表的属性（是否为外部表等）、表的数据所在目录等。

3）解释器、编译器、优化器、执行器

解释器、编译器、优化器完成 HQL 查询语句的词法分析、语法分析、编译、优化以及查询计划的生成。生成的查询计划存储在 HDFS 中，并在随后由 MapReduce 调用执行。执行器在 MapReduce 中执行。

4）Hadoop

Hive 的数据存储在 HDFS 中，大部分的查询由 MapReduce 完成（包含*的查询，如 select * from tbl 不会生成 MapReduce 任务）。

2．安装配置

可以下载一个已打包好的 Hive 稳定版，也可以下载源码自己 build 一个版本。

1）安装需要的环境

Java 1.6、Java 1.7 或更高版本；Hadoop 2.x 或更高，Hive 0.13 版本，也支持 0.20.x 和 0.23.x。

支持 Linux、Mac、Windows 操作系统。以下内容适用于 Linux 系统。

2）安装打包好的 Hive

（1）需要先到 Apache 下载已打包好的 Hive 镜像，然后解压该文件。

```
$ tar -xzvf hive-x.y.z.tar.gz
```

（2）设置 Hive 环境变量。

```
$ cd hive-x.y.z$ export HIVE_HOME={{pwd}}
```

（3）设置 Hive 运行路径。

```
$ export PATH=$HIVE_HOME/bin:$PATH
```

3）编译 Hive 源码

下载 Hive 源码。此处使用 maven 编译，需要下载安装 maven。

以 Hive 0.13 版为例，编译 Hive 0.13 源码基于 hadoop 0.23 或更高版本。

```
$cdhive$mvncleaninstall-Phadoop-2,dist$cdpackaging/target/apache-hive-{version}-SNAPSHOT-bin/apache-hive-{version}-SNAPSHOT-bin$lsLICENSENOTICEREADME.txtRELEASE_NOTES.txtbin/(alltheshellscripts)lib/(requiredjarfiles)conf/(configurationfiles)examples/(sampleinputandqueryfiles)hcatalog/(hcataloginstallation)scripts/(upgradescriptsforhive-metastore)
```

编译 Hive 基于 Hadoop 0.20。

```
$cdhive$antcleanpackage$cdbuild/dist#lsLICENSENOTICEREADME.txtRELEASE_NOTES.txtbin/(alltheshellscripts)lib/(requiredjarfiles)conf/(configurationfiles)examples/(sampleinputandqueryfiles)hcatalog/(hcataloginstallation)scripts/(upgradescriptsforhive-metastore)
```

4）运行 Hive

（1）Hive 运行依赖于 Hadoop，在运行 Hadoop 之前必须配置好 hadoopHome。

```
export HADOOP_HOME=<hadoop-install-dir>
```

（2）在 HDFS 上为 Hive 创建\tmp 目录和/user/hive/warehouse(akahive.metastore.warehouse.dir)目录，然后才可以运行 Hive。

（3）在运行 Hive 之前设置 HiveHome。

```
$ export HIVE_HOME=<hive-install-dir>
```

（4）在命令行窗口启动 Hive。

```
$ $HIVE_HOME/bin/hive
```

8.2.4　ZooKeeper 升级管理

ZooKeeper 是以 Fast Paxos 算法为基础的。Fast Paxos 算法存在活锁的问题，即当有多个 proposer 交错提交时，有可能互相排斥导致没有一个 proposer 能提交成功，而 Fast Paxos 做了一些优化，通过选举产生一个 Leader（领导者），只有 Leader 才能提交 proposer，具体算法可见 Fast Paxos。因此，要想理解 ZooKeeper，首先需要对 Fast Paxos 有所了解。

ZooKeeper 的基本运转流程如下。

❑　选举 Leader。

❑　同步数据。

❑　选举 Leader 过程中算法有很多，但要达到的选举标准是一致的。

❑　Leader 要具有最高的执行 ID，类似 root 权限。

❑　集群中大多数的机器得到响应并 follow 选出的 Leader。

本文介绍的 ZooKeeper 是以 3.2.2 这个稳定版本为基础的，最新的版本可以通过官网 http://hadoop.apache.org/ 获取。ZooKeeper 的安装非常简单。下面将从单机模式和集群模式两个方面介绍 ZooKeeper 的安装和配置。

1．单机模式

单机安装非常简单，只要获取到 ZooKeeper 的压缩包并将其解压到某个目录（如 /home/zookeeper-3.2.2）下即可。ZooKeeper 的启动脚本在 bin 目录下，Linux 下的启动脚本是 zkServer.sh。在 3.2.2 这个版本中，ZooKeeper 没有提供 Windows 下的启动脚本，所以要想在 Windows 下启动 ZooKeeper 需要自己手工写一个脚本。

Windows 下的 ZooKeeper 启动脚本。

```
setlocal
set ZOOCFGDIR=%~dp0%..\conf
set ZOO_LOG_DIR=%~dp0%..
set ZOO_LOG4J_PROP=INFO,CONSOLE
set CLASSPATH=%ZOOCFGDIR%

set CLASSPATH=%~dp0..\*;%~dp0..\lib\*;%CLASSPATH%
set CLASSPATH=%~dp0..\build\classes;%~dp0..\build\lib\*;%CLASSPATH%
set ZOOCFG=%ZOOCFGDIR%\zoo.cfg
set ZOOMAIN=org.apache.zookeeper.server.ZooKeeperServerMain
java"-Dzookeeper.log.dir=%ZOO_LOG_DIR%" "-Dzookeeper.root.logger=%ZOO_LOG4J_PROP%"
-cp "%CLASSPATH%" %ZOOMAIN% "%ZOOCFG%" %*
endlocal
```

在执行启动脚本之前，还有几个基本的配置项需要配置。ZooKeeper 的配置文件在 conf 目录下，这个目录中有 zoo_sample.cfg 和 log4j.properties 文件，需要做的就是将 zoo_sample.cfg 改名为 zoo.cfg，因为 ZooKeeper 在启动时会找这个文件作为默认配置文件。下面详细介绍一下这个配置文件中各个配置项的意义。

```
tickTime=2000
dataDir=D:/devtools/zookeeper-3.2.2/build
clientPort=2181
```

- tickTime：ZooKeeper 服务器之间或客户端与服务器之间维持心跳的时间间隔，也就是每隔 tickTime 时间就会发送一个心跳。
- dataDir：ZooKeeper 保存数据的目录。默认情况下，ZooKeeper 将写数据的日志文件也保存在这个目录里。
- clientPort：客户端连接 ZooKeeper 服务器的端口。ZooKeeper 会监听这个端口，接收客户端的访问请求。

当这些配置项配置好后，就可以启动 ZooKeeper 了，启动后要检查 ZooKeeper 是否已经在服务，可以通过 netstat – ano 命令查看是否有配置的 clientPort 端口在监听服务。

2. 集群模式

ZooKeeper 不仅可以单机提供服务，同时也支持多机组成集群来提供服务。实际上，ZooKeeper 还支持另外一种伪集群的方式，也就是可以在一台物理机上运行多个 ZooKeeper 实例。下面将介绍集群模式的安装和配置。

ZooKeeper 集群模式的安装和配置并不复杂，所要做的就是增加几个配置项。集群模式除了上面的 3 个配置项，还要增加下面几个配置项。

```
initLimit=5
syncLimit=2
server.1=192.168.211.1:2888:3888
server.2=192.168.211.2:2888:3888
```

- initLimit：用来配置 ZooKeeper 接收客户端（这里所说的客户端不是用户连接 ZooKeeper 服务器的客户端，而是 ZooKeeper 服务器集群中连接到 Leader 的 Follower 服务器）初始化连接时最长能忍受多少个心跳时间间隔数。若已经超过 10 个心跳的时间（也就是 tickTime）长度，而 ZooKeeper 服务器还没有收到客户端的返回信息，那么表明这个客户端连接失败。总的时间长度就是 5×2000 ms=10 s。
- syncLimit：这个配置项标识 Leader 与 Follower 之间发送消息，请求和应答时间长度，最长不能超过多少个 tickTime 的时间长度。总的时间长度就是 2×2000 ms=4 s。
- server.A=B: C: D：其中 A 是一个数字，表示这个是第几号服务器；B 是这个服务器的 IP 地址；C 表示的是这个服务器与集群中的 Leader 服务器交换信息的端口；D 表示的是如果集群中的 Leader 服务器出现问题，需要一个端口来重新选举出一个新的 Leader，那么这个端口就是用来执行选举时服务器相互通信的端口。如果是伪集群的配置方式，由于 B 都是一样的，而不同的 ZooKeeper 实例通信端口号不能相同，所以要给它们分配不同的端口号。

除了修改 zoo.cfg 配置文件，集群模式下还要配置一个文件——myid。这个文件在 dataDir 目录下，其中有一个数据是 A 的值，ZooKeeper 启动时会读取这个文件，拿到里面的数据与 zoo.cfg 里面的配置信息比较，从而判断到底是哪个 Server。

8.3　微服务与容器虚拟化

8.3.1　业务应用容器化——Docker

开发一个传统的软件工程，通常都会准备多个环境用于整个项目周期，因此常常会出现由于环境不兼容而导致的各种各样的漏洞问题。比如，开发在 Windows 系统下编写的代码，放到 Linux 服务器上可能会出问题；开发在本地依赖了一个系统自带的驱动，而在服务器上却没有这个驱动；开发在本地设置了很多环境变量，而在服务器上又要重新设置。对此，运维人员使用 Docker，只需要简单的几行命令，就可以保持所有运行环境的一致性。

Docker 将开发所需要的环境全部隔离在一起，形成一个集装箱。相对于传统的虚拟机管理系统，不需要捆绑一整套操作系统，只需要软件工作所需的库资源和设置。系统因此而变得高效轻量并保证部署在任何环境中的软件都能始终如一地运行。

1．基本组成

Docker 主要分为以下几个部分。

1）镜像（image）

镜像是一种轻量级、可执行的独立软件包，包含运行某个软件所需要的内容，我们将应用程序和配置打包好形成一个可交付的运行环境（包括代码、运行时所需要的库、环境变量和配置文件等），这个打包好的运行环境就是 image 镜像文件。

2）容器（container）

从面向对象的角度来看：Docker 利用容器独立运行的一个或一组应用；应用程序或服务运行在容器里面；容器就类似于一个虚拟化的运行环境，是用镜像创建的运行实例。就像是 Java 中的类和实例对象一样，镜像是静态的定义，容器是镜像运行的实例。容器为镜像提供了一个标准的和隔离的运行环境，它可以被启动、开始、停止、删除。每个容器都是相互隔离的、保证安全的平台。

从镜像容器角度来看：可以将容器看作一个简易版的 Linux 环境（包括 root 用户权限、进程空间、用户空间和网络空间等）和运行在其中的应用程序。

3）仓库（repository）

仓库是集中存放镜像文件的场所，类似 Maven 仓库存放各种 jar 包的地方；也类似于 github 仓库存放各种 git 项目的地方。Docker 容器提供的官方 repository 被称为 Docker Hub，是存放各种镜像模板的地方。仓库分为公开仓库（public）和私有仓库（private）

两种，最大的公开仓库是 Docker Hub，存放了数量庞大的镜像供用户下载。国内的公开仓库包括阿里云、网易云等。

2. 安装部署

为了更好地理解 Docker，本次我们简单构建一个基本的 Linux 环境。这里对构建的硬件环境、网络环境等做了一个简单的描述，后续的实验以这个资源环境作为基础依赖进行上层实验操作。硬件环境如表 8-1～表 8-2 所示。

表 8-1　硬件、IP 地址配置

主 机 名	IP 地 址	资 源 配 置	备 注
master	192.168.10.128	CPU：2 核 内存：4 GB 硬盘：40 GB	主节点

表 8-2　Docker 版本号

软 件 名 称	版 本 号	备 注
Docker	3:20.10.9-3.el7	master 主机部署

（1）关闭系统防火墙。

```
[root@master~]# systemctl stop firewalld
[root@master~]# systemctl disable firewalld
[root@master~]# systemctl status firewalld
● firewalld.service - firewalld - dynamic firewall daemon
   Loaded:  loaded (/usr/lib/systemd/system/firewalld.service;  disabled;  vendor  preset:
enabled)
   Active: inactive (dead)
     Docs: man:firewalld(1)
```

（2）卸载旧版本。

```
[root@master~]# sudo yum remove docker \
docker-client \
docker-client-latest \
docker-common \
docker-latest \
docker-latest-logrotate \
docker-logrotate \
docker-engine
```

（3）yum 安装 gcc 相关。

```
[root@master~]# yum -y install gcc
[root@master~]# yum -y install gcc-c++
```

（4）安装所需要软件包。

```
[root@master~]# yum -y install yum-utils
```

（5）设置 stable 镜像仓库。

```
[root@master~]# yum-config-manager --add-repo
https://mirrors.aliyun.com/docker-ce/linux/centos/docker-ce.repo
```

（6）更新 yum 软件包索引。

```
[root@master~]# yum makecache fast
```

（7）安装 Docker。

```
[root@master~]# yum -y install docker-ce-3:20.10.9-3.el7.x86_64
docker-ce-cli-3:20.10.9-3.el7.x86_64 containerd.io
```

（8）启动 Docker。

```
[root@master~]# systemctl start docker
[root@master~]# systemctl enable docker
```

（9）验证 Docker 是否安装成功。

```
[root@master~]# docker version
Client: Docker Engine - Community
 Version:           20.10.17
 API version:       1.41
 Go version:        go1.17.11
 Git commit:        100c701
 Built:             Mon Jun   6 23:05:12 2022
 OS/Arch:           linux/amd64
 Context:           default
 Experimental:      true

Server: Docker Engine - Community
 Engine:
  Version:          20.10.9
  API version:      1.41 (minimum version 1.12)
  Go version:       go1.16.8
  Git commit:       79ea9d3
  Built:            Mon Oct   4 16:06:37 2021
  OS/Arch:          linux/amd64
  Experimental:     false
 containerd:
  Version:          1.6.6
  GitCommit:        10c12954828e7c7c9b6e0ea9b0c02b01407d3ae1
 runc:
  Version:          1.1.2
  GitCommit:        v1.1.2-0-ga916309
 docker-init:
  Version:          0.19.0
  GitCommit:        de40ad0
```

（10）设置阿里云镜像加速。

由于 Docker 默认镜像下载地址来源于国外，为了保证下载速度，需要配置阿里云镜像地址。

```
[root@master~]# sudo mkdir -p /etc/docker
[root@master~]# sudo tee /etc/docker/daemon.json <<-'EOF'
{
  "exec-opts": ["native.cgroupdriver=systemd"],
  "registry-mirrors": ["https://du3ia00u.mirror.aliyuncs.com"],
  "live-restore": true,
  "log-driver":"json-file",
  "log-opts": {"max-size":"500m", "max-file":"3"},
  "max-concurrent-downloads": 10,
  "max-concurrent-uploads": 5,
  "storage-driver": "overlay2"
}
EOF
[root@master~]# sudo systemctl daemon-reload
[root@master~]# sudo systemctl restart docker
```

3. 常用命令

（1）检索镜像。

```
[root@master~]# docker search mysql
```

（2）拉取镜像。

```
[root@master~]# docker pull mysql:5.7
5.7: Pulling from library/mysql
72a69066d2fe: Pull complete
93619dbc5b36: Pull complete
99da31dd6142: Pull complete
626033c43d70: Pull complete
37d5d7efb64e: Pull complete
ac563158d721: Pull complete
d2ba16033dad: Pull complete
0ceb82207cd7: Pull complete
37f2405cae96: Pull complete
e2482e017e53: Pull complete
70deed891d42: Pull complete
Digest: sha256:f2ad209efe9c67104167fc609cca6973c8422939491c9345270175a300419f94
Status: Downloaded newer image for mysql:5.7
docker.io/library/mysql:5.7
```

（3）查看镜像。

```
[root@master~]# docker images
REPOSITORY      TAG      IMAGE ID        CREATED        SIZE
mysql           5.7      c20987f18b13    6 months ago   448MB
```

（4）启动容器。

```
[root@master~]# docker run -d -p 3306:3306 --name mysql5.7 -v
/var/mysql5.7/conf:/etc/mysql/conf.d -v /var/mysql5.7/logs:/var/log/mysql -v
/var/mysql5.7/data:/var/lib/mysql -e MYSQL_ROOT_PASSWORD=123456 -e
TZ=Asia/Shanghai -e MYSQL_DATABASE=ssm --restart=always mysql:5.7
--lower_case_table_names=1 --character-set-server=utf8mb4
--collation-server=utf8mb4_general_ci
--default-authentication-plugin=mysql_native_password
```

参数解读如下。

```
OPTIONS（可选项）：
-d：后台运行容器并返回容器 ID，即启动守护式容器（后台运行）
--name：为容器指定一个名称
-p：指定端口映射
-v：绑定一个卷。一般格式为'主机文件或文件夹: 虚拟机文件或文件夹'
-e：设置环境变量
--restart：指定重启策略，可以写--restart=awlays 总是故障重启
--lower_case_table_names=1：mysql 不区分大小写
--character-set-server=utf8mb4：mysql 字符集设置为 utf8mb4
--collation-server=utf8mb4_general_ci：mysql 编码设置为 utf8mb4_general_ci
--default-authentication-plugin=mysql_native_password：mysql 默认使用本机身份验证
```

（5）停止容器。

先查看运行容器 id，通过 id 停止容器。

```
[root@master ~]# docker ps
CONTAINER ID    IMAGE        COMMAND            CREATED
STATUS          PORTS                              NAMES
331bd4589245    mysql:5.7    "docker-entrypoint.s…"    2 minutes ago    Up 2 minutes
0.0.0.0:3306->3306/tcp, :::3306->3306/tcp, 33060/tcp    mysql5.7
[root@master ~]# docker stop 331bd4589245
331bd4589245
```

（6）移除容器。

停止容器后，容器的状态为退出，还需要通过 rm 命令将其移除。

```
[root@master ~]# docker ps -a
CONTAINER ID    IMAGE        COMMAND            CREATED
STATUS                  PORTS          NAMES
331bd4589245    mysql:5.7    "docker-entrypoint.s…"    3 minutes ago    Exited (0) About a
minute ago                   mysql5.7
[root@master ~]# docker rm 331bd4589245
331bd4589245
```

8.3.2　容器的集群化管理与编排——k8s

容器是打包和运行应用程序的最佳方式。在生产环境中，我们需要管理运行应用程

序的容器，并且确保这些容器不会停机。如果一个容器发生了故障，就需要手动启动另一个容器，这非常不方便。如果有一个系统能够帮助我们处理这些行为，是不是会很方便？Kubernetes 就能解决上面提出的一系列的问题。

Kubernetes 是一个可移植的、可扩展的开源平台，用于管理容器化的工作负载和服务，可促进声明式配置和自动化。而 k8s 这个缩写是因为 k 和 s 之间有 8 个字符的关系。

Kubernetes 为我们提供了下面的功能。

（1）服务发现和负载均衡：Kubernetes 可以使用 DNS 名称或自己的 IP 地址公开容器，如果进入容器的流量很大，Kubernetes 可以负载均衡并分配网络流量，从而使部署稳定。

（2）存储编排：Kubernetes 允许我们自动挂载自己选择的存储系统，如本地存储、公有云提供商等。

（3）自动部署和回滚：我们可以使用 Kubernetes 描述已部署容器的所需状态，Kubernetes 能够以受控的速率将实际状态更改为期望状态，如我们可以自动化 Kubernetes 来为我们的部署创建新的容器，删除现有容器并将它们的所有资源用于新的容器。

（4）自动完成装箱计算：Kubernetes 允许我们指定每个容器所需要的 CPU 和内存（RAM）。当容器指定了资源请求时，Kubernetes 可以做出更好的决策来管理容器的资源。

（5）自我修复：Kubernetes 重新启动失败的容器、替换容器、杀死不响应用户定义的运行状况检查的容器，并且在准备好服务之前不将其通告给客户端。

（6）密钥和配置管理：Kubernetes 允许我们存储和管理敏感信息，如密码、OAuth2 令牌和 SSH 密钥。我们可以在不重建容器镜像的情况下部署和更新密钥与应用程序配置，也无须在堆栈配置中暴露密钥。

1. 基本组成

Kubernetes 主要由 Master 和 Node 组成，如图 8-1 所示。

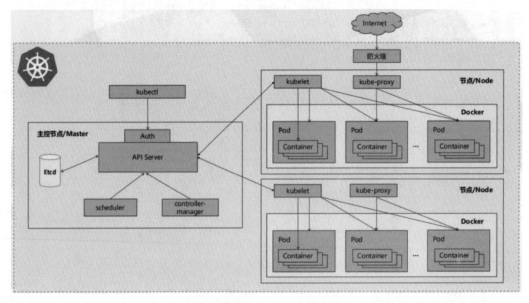

图 8-1　Kubernetes 工作原理图

Master 节点可以控制整个 Kubernetes 集群,其中包含 4 类组件。

(1) kube-API Server:集群的统一入口,各组件的协调者,以 RESTful API 提供接口方式,所有对象资源的增删改查和监听操作都交给 API Server 处理后再提交。它是发往集群的所有 rest 操作命令的接入点,负责接收、校验并响应所有的 rest 请求,结果状态被持久存储于 etcd 中,因此,apiserver 是整个集群的网关。

(2) kube-controller-manager:处理集群中常规后台任务,一个资源对应一个控制器,而 controllerManager 就是负责处理这些控制器的。

(3) kube-scheduler:根据调度算法为新创建的 pod 选择一个 Node 节点,可以任意部署,如部署在同一个节点上,或者部署在不同的节点上。由 scheduler 根据集群内各节点的可用资源状态以及要运行的容器的资源需求做出调度决策。

(4) cluster state store(etcd):Kubernetes 集群的所有状态信息都需要持久存储于存储系统 etcd 中,不过,etcd 是由 coreos 基于 raft 协议开发的分布式键值存储,可用于服务发现、共享配置以及一致性保障(如数据库主节点选择、分布式锁等)。

Node 节点也可以控制整个 Kubernetes 集群,其中包含 3 类组件。

(1) kubelet:kubelet 是 Master 在 Node 节点上的 Agent,管理本机运行容器的生命周期,比如创建容器、Pod 挂载数据卷、下载 secret、获取容器和节点状态等工作,kubelet 将每个 Pod 转换成一组容器。它从 apiserver 接收关于 pod 对象的配置信息并确保它们处于期望的状态(desired state,也是目标状态)。kubelet 会在 apiserver 上注册当前工作节点,定期向 master 汇报节点资源使用情况,并通过 cadvisor 监控容器和节点的资源占用状况。

(2) kube-proxy:在 Node 节点上实现 Pod 网络代理,维护网络规则和 4 层负载均衡工作。

(3) Pod:用于存放一组 Container(可以包含一个或多个 Container 容器)以及这些 Container(容器)的一些共享资源。

2. 安装部署

为了更好地理解 Kubernetes,本次我们简单构建一个基本的 Linux 环境。这里对构建的硬件环境、网络环境等做了一个简单的描述,后续的实验以这个资源环境作为基础依赖进行上层实验操作。硬件环境如表 8-3～表 8-4 所示。

表 8-3　硬件、IP 地址配置

主　机　名	IP　地　址	资 源 配 置	备　　注
master	192.168.10.128	CPU:2 核 内存:4 GB 硬盘:40 GB	主节点
slave1	192.168.10.129	CPU:2 核 内存:4 GB 硬盘:40 GB	从节点 1
Slave2	192.168.10.130	CPU:2 核 内存:4 GB 硬盘:40 GB	从节点 2

表 8-4　Kubernetes 版本号

软 件 名 称	版 本 号	备 注
Kubernetes	1.21	master、slave1、slave2 部署

（1）前置条件。

在 3 台机器上安装 Docker 容器化环境，可参考 8.3.1 节。

（2）关闭 SELinux，3 台机器都执行。

```
[root@master~]# sed -ri 's/.*swap.*/#&/' /etc/fstab
```

（3）关闭 swap，3 台机器都执行。

```
[root@master~]# sed -ri 's/.*swap.*/#&/' /etc/fstab
```

（4）将桥接的 IPv4 流量传递到 iptables 的链，3 台机器都执行。

```
[root@master~]# sed -i "s#^net.ipv4.ip_forward.*#net.ipv4.ip_forward=1#g"
/etc/sysctl.conf
[root@master~]# sed -i "s#^net.bridge.bridge-nf-call-ip6tables.*#net.bridge.bridge-nf-call-
ip6tables=1#g"
[root@master~]# /etc/sysctl.conf
[root@master~]# sed -i
"s#^net.bridge.bridge-nf-call-iptables.*#net.bridge.bridge-nf-call-iptables=1#g"
/[root@master~]# etc/sysctl.conf
[root@master~]# sed -i
"s#^net.ipv6.conf.all.disable_ipv6.*#net.ipv6.conf.all.disable_ipv6=1#g"
/etc/[root@master~]# sysctl.conf
[root@master~]# sed -i
"s#^net.ipv6.conf.default.disable_ipv6.*#net.ipv6.conf.default.disable_ipv6=1#g"
/[root@master~]# etc/sysctl.conf
[root@master~]# sed -i
"s#^net.ipv6.conf.lo.disable_ipv6.*#net.ipv6.conf.lo.disable_ipv6=1#g"
/etc/[root@master~]# sysctl.conf
[root@master~]# sed -i
"s#^net.ipv6.conf.all.forwarding.*#net.ipv6.conf.all.forwarding=1#g"
/etc/sysctl.conf
[root@master~]# echo "net.ipv4.ip_forward = 1" >> /etc/sysctl.conf
[root@master~]# echo "net.bridge.bridge-nf-call-ip6tables = 1" >> /etc/sysctl.conf
[root@master~]# echo "net.bridge.bridge-nf-call-iptables = 1" >> /etc/sysctl.conf
[root@master~]# echo "net.ipv6.conf.all.disable_ipv6 = 1" >> /etc/sysctl.conf
[root@master~]# echo "net.ipv6.conf.default.disable_ipv6 = 1" >> /etc/sysctl.conf
[root@master~]# echo "net.ipv6.conf.lo.disable_ipv6 = 1" >> /etc/sysctl.conf
[root@master~]# echo "net.ipv6.conf.all.forwarding = 1"   >> /etc/sysctl.con
```

加载 br_netfilter 模块。

```
[root@master~]# modprobe br_netfilter
```

持久化修改（保留配置包本地文件，重启系统或服务进程仍然有效）。

```
[root@master~]# modprobe br_netfilter
```

（5）开启 ipvs，3 台机器都执行。

在 Kubernetes 中 service 有两种代理模型：一种基于 iptables，另一种基于 ipvs。后者性能高于前者，但是如果要使用后者，需要手动载入 ipvs 模块。

```
[root@master~]# yum -y install ipset ipvsadm
[root@master~]# cat > /etc/sysconfig/modules/ipvs.modules <<EOF
#!/bin/bash
modprobe -- ip_vs
modprobe -- ip_vs_rr
modprobe -- ip_vs_wrr
modprobe -- ip_vs_sh
modprobe -- nf_conntrack
EOF
[root@master~]# chmod 755 /etc/sysconfig/modules/ipvs.modules && bash
/etc/sysconfig/modules/ipvs.modules && lsmod | grep -e ip_vs -e
nf_conntrack_ipv4
ip_vs_sh            12688       0
ip_vs_wrr           12697       0
ip_vs_rr            12600       0
ip_vs               145458      6 ip_vs_rr,ip_vs_sh,ip_vs_wrr
nf_conntrack_ipv4   15053       3
nf_defrag_ipv4      12729       1 nf_conntrack_ipv4
nf_conntrack        139264      7 ip_vs,nf_nat,nf_nat_ipv4,xt_conntrack,nf_ nat_masquerade_
ipv4,nf_conntrack_netlink,nf_conntrack_ipv4
libcrc32c           12644       4 xfs,ip_vs,nf_nat,nf_conntrack
```

（6）重启，3 台机器都执行。

```
[root@master~]# reboot
```

（7）更改 Kubernetes 镜像源，3 台机器都执行。

由于 Kubernetes 的镜像源在国外，非常慢，这里切换成国内的阿里云镜像源。

```
[root@master~]# cat > /etc/yum.repos.d/kubernetes.repo << EOF
[kubernetes]
name=Kubernetes
baseurl=https://mirrors.aliyun.com/kubernetes/yum/repos/kubernetes-el7-x86_64
enabled=1
gpgcheck=0
repo_gpgcheck=0
gpgkey=https://mirrors.aliyun.com/kubernetes/yum/doc/yum-key.gpg
https://mirrors.aliyun.com/kubernetes/yum/doc/rpm-package-key.gpg
EOF
```

（8）安装 kubelet、kubeadm 和 kubectl。

```
[root@master~]# yum install -y kubelet-1.21.10 kubeadm-1.21.10
```

kubectl-1.21.10

为了实现 Docker 使用的 cgroup drvier 和 kubelet 使用的 cgroup driver 一致，需要修改/etc/sysconfig/kubelet 文件内容，3 台机器都进行如下修改。

```
KUBELET_EXTRA_ARGS="--cgroup-driver=systemd"
KUBE_PROXY_MODE="ipvs"
```

设置为开机自启动。

```
[root@master~]# systemctl enable kubelet
```

下载 Kubernetes 安装所需镜像，3 台都要下载。

```
[root@master~]# docker pull
registry.cn-hangzhou.aliyuncs.com/google_containers/kube-apiserver:v1.21.10
[root@master~]# docker pull
registry.cn-hangzhou.aliyuncs.com/google_containers/[root@master~]#
kube-controller-manager:v1.21.10
[root@master~]# docker pull
registry.cn-hangzhou.aliyuncs.com/google_containers/kube-scheduler:v1.21.10
[root@master~]# docker pull
registry.cn-hangzhou.aliyuncs.com/google_containers/kube-proxy:v1.21.10
[root@master~]# docker pull
registry.cn-hangzhou.aliyuncs.com/google_containers/pause: 3.4.1
[root@master~]# docker pull
registry.cn-hangzhou.aliyuncs.com/google_containers/etcd:3.4.13-0
[root@master~]# docker pull
registry.cn-hangzhou.aliyuncs.com/google_containers/coredns:v1.8.0
```

给 coredns 镜像重新打 tag。

```
[root@master~]# docker tag
registry.cn-hangzhou.aliyuncs.com/google_containers/coredns:v1.8.0
registry.cn-hangzhou.aliyuncs.com/google_containers/coredns/coredns:v1.8.0
```

（9）部署 Kubernetes 的 Master 节点，在 Master 节点上执行。
如果 Master 节点的 IP 地址不一致，则需要更改。

```
[root@master~]# kubeadm init \
    --apiserver-advertise-address=192.168.10.128 \
    --image-repository=registry.cn-hangzhou.aliyuncs.com/google_containers \
    --kubernetes-version=v1.21.10 \
    --service-cidr=10.96.0.0/16 \
    --pod-network-cidr=10.244.0.0/16
```

执行完毕后将生成以下内容。

```
Your Kubernetes control-plane has initialized successfully!

To start using your cluster, you need to run the following as a regular user:
```

```
mkdir -p $HOME/.kube
sudo cp -i /etc/kubernetes/admin.conf $HOME/.kube/config
sudo chown $(id -u):$(id -g) $HOME/.kube/config

Alternatively, if you are the root user, you can run:

export KUBECONFIG=/etc/kubernetes/admin.conf

You should now deploy a pod network to the cluster.
Run "kubectl apply -f [podnetwork].yaml" with one of the options listed at:
  https://kubernetes.io/docs/concepts/cluster-administration/addons/

Then you can join any number of worker nodes by running the following on each as root:

kubeadm join 192.168.10.128:6443 --token 3b3b70.30907xx6g6a0p6d9 \
    --discovery-token-ca-cert-hash
sha256:8a6927c90a064212e16e67869c3ff5aad75470b4616b987869e2d1b3036b7f1f
```

按照提示在 Master 上执行以下命令。

```
[root@master~]# mkdir -p $HOME/.kube
[root@master~]# sudo cp -i /etc/kubernetes/admin.conf $HOME/.kube/config
[root@master~]# sudo chown $(id -u):$(id -g) $HOME/.kube/config
[root@master~]# export KUBECONFIG=/etc/kubernetes/admin.conf
```

默认的 token 有效期为 2 小时，创建一个永不过期的 token。

```
[root@master~]# kubeadm token create --ttl 0 --print-join-command
kubeadm join 192.168.10.128:6443 --token 3x3vmu.l3294ta4ty3xaz76
--discovery-token-ca-cert-hash
sha256:8a6927c90a064212e16e67869c3ff5aad75470b4616b987869e2d1b3036b7f1f
```

（10）部署 Kubernetes 的 Node 节点，在 slave1 和 slave2 节点上执行。
如果 Master 节点的 IP 地址不一致，则需要更改。

```
[root@slave1 ~]# kubeadm join 192.168.10.128:6443 --token
3x3vmu.l3294ta4ty3xaz76 --discovery-token-ca-cert-hash
sha256:8a6927c90a064212e16e67869c3ff5aad75470b4616b987869e2d1b3036b7f1f
[preflight] Running pre-flight checks
[preflight] Reading configuration from the cluster...
[preflight] FYI: You can look at this config file with 'kubectl -n kube-system get cm
kubeadm-config -o yaml'
[kubelet-start] Writing kubelet configuration to file "/var/lib/kubelet/config.yaml"
[kubelet-start] Writing kubelet environment file with flags to file
"/var/lib/kubelet/kubeadm-flags.env"
[kubelet-start] Starting the kubelet
[kubelet-start] Waiting for the kubelet to perform the TLS Bootstrap...
```

```
This node has joined the cluster:
* Certificate signing request was sent to apiserver and a response was received.
* The Kubelet was informed of the new secure connection details.

Run 'kubectl get nodes' on the control-plane to see this node join the cluster.
```

（11）部署网络插件，在 master 上执行。

```
[root@master~]# kubectl apply -f
https://projectcalico.docs.tigera.io/v3.19/manifests/ calico.yaml
```

当所有的 STATUS 为 Running 时，代表执行成功。

```
[root@master ~]# kubectl get pods -n kube-system
NAME                                          READY   STATUS    RESTARTS   AGE
calico-kube-controllers-7cc8dd57d9-dgmsj      1/1     Running   0          7m27s
calico-node-hlffm                             1/1     Running   0          7m27s
calico-node-mprlq                             1/1     Running   0          7m27s
calico-node-s4kjn                             1/1     Running   0          7m27s
coredns-6f6b8cc4f6-5hxgs                      1/1     Running   0          11m
coredns-6f6b8cc4f6-rcbjn                      1/1     Running   0          11m
etcd-master                                   1/1     Running   0          11m
kube-apiserver-master                         1/1     Running   0          11m
kube-controller-manager-master                1/1     Running   0          11m
kube-proxy-d47f4                              1/1     Running   0          8m47s
kube-proxy-kkqdp                              1/1     Running   0          8m51s
kube-proxy-s7c6n                              1/1     Running   0          11m
kube-scheduler-master                         1/1     Running   0          11m
```

（12）设置 kube-proxy 的 ipvs 模式。

```
[root@master~]# kubectl edit cm kube-proxy -n kube-system
```

修改第 44 行为 mode: "ipvs"。删除 kube-proxy，让 Kubernetes 集群自动创建新的 kube-proxy。

```
[root@master~]# kubectl delete pod -l k8s-app=kube-proxy -n kube-system
```

3．常用命令

kubectl 是 Kubernetes 集群的命令行工具，通过它能够对集群本身进行管理，并能够在集群上进行容器化应用的安装和部署。

kubectl 命令的语法如下。

```
kubectl [command] [type] [name] [flags]
```

参数解释如下。

command：指定要对资源执行的操作，如 create、get、delete 等。

type：指定资源的类型，如 deployment、pod、service 等。

name：指定资源的名称，名称大小写敏感。

flags：指定额外的可选参数。

1）基本操作命令（见表 8-5）

表 8-5　基本操作命令

命　　令	翻　　译	作　　用
create	创建	创建一个资源
edit	编辑	编辑一个资源
get	获取	获取一个资源
patch	更新	更新一个资源
delete	删除	删除一个资源
explain	解释	展示资源文档

2）运行和调试（见表 8-6）

表 8-6　运行和调试命令

命　　令	翻　　译	作　　用
run	运行	在集群中运行一个指定的镜像
expose	暴露	暴露资源为 Service
describe	描述	显示资源内部信息
logs	日志	输出容器在 Pod 中的日志
attach	缠绕	进入运行中的容器
exec	执行	执行容器中的一个命令
cp	复制	在 Pod 内外复制文件
rollout	首次展示	管理资源的发布
scale	规模	扩（缩）容 Pod 的数量
autoscale	自动调整	自动调整 Pod 的数量

3）高级命令（见表 8-7）

表 8-7　高级命令

命　　令	翻　　译	作　　用
apply	应用	通过文件对资源进行配置
label	标签	更新资源上的标签

4）其他命令（见表 8-8）

表 8-8　其他命令

命　　令	翻　　译	作　　用
cluster-info	集群信息	显示集群信息
version	版本	显示当前 Client 和 Server 的版本

8.3.3　微服务监控与服务追踪

在微服务架构中，我们基于业务划分服务并对外暴露服务访问接口。试想这样一个场景，如果我们发现某一个业务接口在访问过程中发生了错误，一般的处理过程就是快速定位到问题所发生的服务并进行解决。但在中大型系统中，一个业务接口背后可能会调用一批其他业务体系中的业务接口或基础设施类的底层接口，这时候我们如何能够做到快速定位问题呢？

传统的做法是通过查阅服务器的日志来定位问题，但在中大型系统中，这种做法可操作性并不强，主要原因是我们很难找到包含错误日志的那台服务器。一方面，开发人员可能都不知道整个服务调用链路中具体有几个服务，因此也就无法找到是哪个服务发生了错误。就算找到了目标服务，在分布式集群的环境下，我们也不建议直接通过访问某台服务器来定位问题。怎样将请求过程的数据记录下来，并定位到具体哪个服务出现了问题？这就需要用到微服务的监控与链路追踪。

Spring Cloud Sleuth 是 Spring Cloud 的组成部分之一，对于分布式环境下的服务调用链路，我们可以通过该框架来满足服务监控和跟踪方面的各种需求。

分布式系统中的服务调用链路跟踪在理论上并不复杂，主要有两个关键点：一个是为请求链路创建唯一跟踪标识，另一个是统计各个处理单元的延迟时间。

（1）为了实现请求链路跟踪，当请求发送到分布式系统的入口时，只需要在服务跟踪框架为该请求创建唯一的跟踪标识，并保证该标识在分布式系统内部流转，直到返回请求为止。该标识即 traceId，通过该标识，就能将不同服务调用的日志串联起来。

（2）为了统计各处理单元（应用服务）的延迟，当请求到达或处理逻辑达到某个状态时，也通过一个唯一标识来标记开始、具体过程及结束（标识一个服务内的请求进入、处理和结束），该标识即 spanId。对于每个 spanId 来说，必须有开始和结束两个节点，通过计算开始 span 和结束 span 的时间戳，就能统记出该 span 的时间延迟。

8.4 云原生运维

云原生是一种新型技术体系，是云计算未来的发展方向。云原生应用也就是面向"云"设计的应用。在使用云原生技术后，开发者无须考虑底层的技术实现，可以充分发挥云平台的弹性和分布式优势，实现快速部署、按需伸缩、不停机交付等。支撑这些特性就需要基于容器、微服务、DevOps 等思想建立一套云技术产品。

8.4.1 持续集成与持续交付

持续集成（continuous integration，CI）是一种软件开发实践，团队开发成员经常提交代码到代码仓库，通常每个成员每天至少集成一次，也就意味着每天可能会发生多次集成，且每次集成都通过自动化的构建（包括编译、发布、自动化测试）来验证，从而尽早发现集成错误，使问题尽早暴露和解决。持续集成是一个将集成提前至开发周期的早期阶段的实践方式，让构建、测试和集成代码更经常反复地发生。

持续集成可以使问题尽早暴露，尽早解决，从而降低了后期解决问题的难度，虽然持续集成无法消除 bug，却能大大降低修复 bug 的难度和时间。CI 工作原理如图 8-2 所示。

CD（continuous delivery）持续交付是持续集成的延伸，将集成后的代码部署到类生产环境，确保能够以可持续的方式快速向客户发布新的更改。如果代码没有问题，可以继续手工部署到生产环境中。持续交付的能力通过自动化流水线的方式实现，减少研发过程中不必要的浪费，近而缩短整个研发过程中所有需求的交付周期。持续交付是一个整体过程，从一个业务端的想法到系统功能可以面对客户的全流程。CD 工作原理如图 8-3 所示。

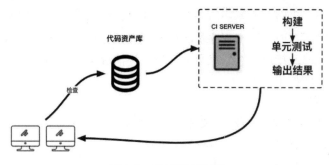

图 8-2　CI 工作原理图

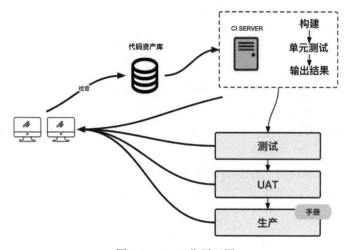

图 8-3　CD 工作原理图

8.4.2　Jenkins 流水线

部署一个 CI 系统需要的最低要求是：一个可获取的源代码的仓库、一个包含构建脚本的项目。

Jenkins 就是这样一个 CI 系统，以前叫作 Hudson。用户通过预设一些特定的事件，编辑到 Jenkins 中，例如开发者提交代码到仓库后，Jenkins 触发拉取代码、代码检查、打包、部署等，整个过程就像一条流水线，按照顺序一层层执行下去，如果构建失败了，那么 Jenkins 系统将通知相关人员，然后继续监视存储库。

Jenkins 具有以下优点。

（1）Jenkins 一切配置都可以在 Web 界面上完成。有些配置如 MAVEN_HOME 和 E_mail，只需要配置一次，所有的项目就都能用。当然也可以通过修改 XML 进行配置。

（2）支持 Maven 的模块（Module）。Jenkins 对 Maven 做了优化，因此它能自动识别 Module，每个 Module 可以配置成一个 job，相当灵活。

（3）测试报告聚合。所有模块的测试报告都被聚合在一起，结果一目了然，如果使用其他 CI，这几乎是个不可能完成的任务。

8.4.3 自动化持续部署

在实际开发中，我们经常要一边开发一边测试，当然这里说的测试并不是程序员对自己代码的单元测试，而是同组程序员将代码提交后，由测试人员测试。对于前后端分离的项目，经常会修改接口，然后重新部署，这种情况下就会涉及频繁的打包部署，而打包部署的常规步骤如下。

（1）提交代码。

（2）询问同组开发人员有没有要提交的代码。

（3）拉取代码并打包。

（4）上传到 Linux 服务器。

（5）查看当前程序是否正在运行。

（6）关闭当前程序。

（7）启动新的 jar 包。

（8）观察日志是否成功。

假如有开发人员说自己的代码还没有提交，或者第二天代码进行了更改，那么步骤（1）～（8）就要重新执行一遍，费时费力。

对于上述操作有没有办法优化？答案是肯定的。可以使用 Jenkins 中自动化持续部署来解决这个问题。

使用 Jenkins 实现自动化持续部署其实并不难，只需要在 Jenkins 中提前预设好工作流程，当 Jenkins 监测到有新的代码提交到代码仓库时，就自动触发该流程进行打包部署，如图 8-4 所示。

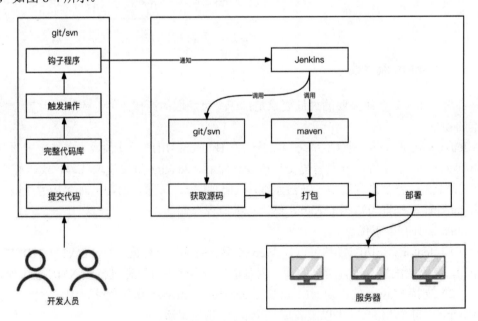

图 8-4　自动化持续部署工作流程图

具体的流程如下。

（1）开发人员提交代码至 git/svn 仓库。

（2）git/svn 仓库检测到有新的代码提交，将通知 Jenkins 进行自动化部署。

（3）Jenkins 收到通知后，首先去 git/svn 拉取最新的源码。

（4）拉取到代码后通过 maven 插件进行打包。

（5）打包完成后，将 jar 包部署至服务器中运行。

当然，Jenkins 远远不止于此，这只是一个简易的自动化部署流程。在代码进行打包前还可以加入代码检查的服务，在打包、部署过程中如果出现失败的情况可以配置短信、邮件通知等一系列操作。

8.4.4　服务的注册与发现

在微服务架构中，整个系统会按职责能力划分为多个服务，通过服务之间协作来实现业务目标。这样在我们的代码中免不了要进行服务间的远程调用，服务的消费方要调用服务的生产方，为了完成一次请求，消费方需要知道服务生产方的网络位置（IP 地址和端口号）。消费方可以通过读取服务生产方的配置信息来获取具体地址，但是对于微服务架构来讲，一个大型的系统可能有成百上千的服务，如果还是使用传统的方式，会导致系统代码耦合度、复杂度上升，这时就需要一个注册中心，统一管理系统中的各个服务。当需要访问服务生产方的时候，只需要访问注册中心，注册中心内部会维护一个服务的路由表，通过路由表获取真正的服务地址进行访问。

目前市面上用得比较多的服务发现中心有 Nacos、Eureka、Consul 和 Zookeeper。但是相互之间实现的功能大有差异（见表 8-9）。

表 8-9　服务发现中心比较表

对比项目	Nacos	Eureka	Consul	Zookeeper
一致性协议	支持 AP 和 CP 模型	AP 模型	CP 模型	CP 模型
健康检查	TCP/HTTP/MYSQL/Client Beat	Client Beat	TCP/HTTP/gRPC/Cmd	Keep Alive
负载均衡策略	权重/metadata/Selector	Ribbon	Fabio	—
雪崩保护	有	有	无	无
自动注销实例	支持	支持	不支持	支持
访问协议	HTTP/DNS	HTTP	HTTP/DNS	TCP
监听支持	支持	支持	支持	支持
多数据中心	支持	支持	支持	不支持
跨注册中心同步	支持	不支持	支持	不支持
SpringCloud 集成	支持	支持	支持	不支持
Dubbo 集成	支持	不支持	不支持	支持
k8s 集成	支持	不支持	支持	不支持

通过表 8-9 可以了解到，Nacos 作为服务发现中心，具备更多的功能支持项，且从长远来看，Nacos 在以后的版本会支持 SpringCLoud+Kubernetes 的组合，填补二者的鸿沟，在两套体系下可以采用同一套服务发现和配置管理的解决方案，这将大大简化使用和维护的成本。另外，Nacos 计划实现 Service Mesh，也是未来微服务发展的趋势。

　　Nacos 是阿里巴巴的一个开源产品，是微服务架构中的注册中心和配置中心，其他服务的服务信息（IP、端口等信息）可以注册到 nacos 服务端。nacos 又为客户端提供了服务发现的功能。客户端会开启一个定时任务，定时向服务端获取最新的服务列表，加载到客户端本地缓存。客户端同时又开启一个定时心跳发送的任务，用于告知服务端当前服务的健康状态。服务端启动的时候同样会开启一个健康检查的定时任务，扫描服务列表，将长时间未向服务端发送心跳的服务状态设为 false，达到某个时间后，将其踢出该服务。Nacos 的好处就是服务不需要记录其他服务的 IP 信息。服务通过　Nacos 可以实时获取其他服务列表，即只需从本地缓存中根据服务名找到服务列表，利用负载均衡算法从列表中拉取一个 IP 进行调用即可。

　　Nacos 具有四大特点。

　　（1）服务发现与服务健康检查：Nacos 使服务更容易注册，并通过 DNS 或 HTTP 接口发现其他服务；Nacos 还提供服务的实时健康检查，以防止向不健康的主机或服务实例发送请求。

　　（2）动态配置管理：动态配置服务允许用户在所有环境中以集中和动态的方式管理所有服务的配置。Nacos 解除了更新配置时必须重新部署应用程序的问题，这使配置的更改更加高效和灵活。

　　（3）动态 DNS 服务：Nacos 提供基于 DNS 协议的服务发现能力，旨在支持异构语言的服务发现，支持将注册在 Nacos 上的服务以域名的方式暴露端点，让三方应用方便地查阅和发现。

　　（4）服务和元数据管理：Nacos 能让用户从微服务平台建设的视角管理数据中心的所有服务及元数据，包括管理服务的描述、生命周期，服务的静态依赖分析，服务的健康状态，服务的流量，路由及安全策略。

8.4.5　服务的熔断与限流

　　在微服务架构中，一个请求需要调用多个服务是非常常见的。如客户端访问 A 服务，而 A 服务需要调用 B 服务，B 服务需要调用 C 服务，由于网络原因或者自身的原因，如果 B 服务或 C 服务不能及时响应，A 服务将处于阻塞状态，直到 B 服务 C 服务响应。此时如果有大量的请求涌入，容器的线程资源会被消耗完毕，导致服务瘫痪。服务和服务之间的依赖性、故障会传播，造成连锁反应，会对整个微服务系统造成灾难性的后果，这就是服务故障的"雪崩"效应。

　　"雪崩"是系统中的蝴蝶效应，导致其发生的原因多种多样，有不合理的容量设计，或者是高并发下某一个方法响应变慢，或是某台机器的资源耗尽。从源头上我们无法完全杜绝"雪崩"的发生，但是"雪崩"的根本原因来源于服务之间的强依赖，所以我们可以提前评估，做好熔断、降级、限流。

　　熔断，这一概念来源于电子工程中的断路器（circuit breaker）。在互联网系统中，当下游服务因为访问压力过大而响应变慢或失败时，上游服务为了保护系统整体的可用性，可以暂时切断对下游服务的调用。这种牺牲局部保全整体的措施就叫"熔断"。

　　降级，就是当某个服务熔断之后，服务将不再被调用，此时客户端可以自己准备一个本地的 fallback 回调，返回一个默认值，也可以理解为兜底。

限流可以认为是服务降级的一种，限流通过限制系统的输入和输出流量达到保护系统的目的。一般来说，系统的吞吐量是可以被测算的，为了保证系统的稳固运行，一旦到达需要限制的阈值，就限制流量并采取少量措施以完成限制流量的目的。比如，推迟解决、拒绝解决或者部分拒绝解决等。

Hystrix 是由 Netflix 公司开发的一个开源的延迟和容错库，用于隔离访问远程系统、服务或第三方库，防止级联失败，从而提升系统的可用性和容错性。Hystrix 主要通过以下几点实现延迟和容错。

（1）包裹请求：使用 HystrixCommand 包裹对依赖的调用逻辑，每个命令在独立线程中执行；使用了设计模式中的命令模式。

（2）跳闸机制：当某服务的错误率超过一定的阈值时，Hystrix 可以自动或者手动跳闸，停止请求该服务一段时间。

（3）资源隔离：Hystrix 为每个依赖度维护了一个小型的线程池（或者信号量）。如果该线程池已满，发往该依赖的请求就被立即拒绝，而不是排队等待，从而加速失败判定。

（4）监控：Hystrix 可以近乎实时地监控运行指标和配置的变化，例如成功、失败、超时、被拒绝的请求等。

（5）回退机制：当请求失败、超时、被拒绝，或当断路器打开时，执行回退逻辑。回退逻辑由开发人员自行提供，例如返回一个缺省值。

（6）自我修复：断路器打开一段时间后，会自动进入"半开"状态。

8.5 作业与练习

一、填空题

1．Hadoop 是一个分布式系统基础架构，由＿＿＿＿＿基金会开发。

2．HDFS 是一种＿＿＿＿文件系统层，可对＿＿＿＿＿间的存储和复制进行协调。HDFS 确保了无法避免的＿＿＿＿＿发生后数据依然可用，可将其用作数据来源，可用于存储中间态的处理结果，并可存储计算的最终结果。

3．Spark 是一个围绕＿＿＿＿＿＿＿＿构建的大数据处理框架。最初在 2009 年由＿＿＿＿＿＿＿＿的 AMPLab 开发，并于 2010 年成为＿＿＿＿＿＿的开源项目之一。

4．ZooKeeper 主要包括＿＿＿＿＿模式和＿＿＿＿＿模式。

二、问答题

1．简要描述 Hadoop 的主要特点。

2．简要描述 Spark 的主要特点并说明 Spark 的生态系统。

3．简要描述 Hive SQL 的体系结构。

参考文献

[1] GGjucheng．Hadoop2 升级的那点事情（详解）[EB/OL]．（2014-09-17）[2023-08-23]．http://www.cnblogs.com/ggjucheng/p/3977185.html．

[2] Srini Penchikala.用 Apache Spark 进行大数据处理[EB/OL].（2016-03-02）[2023-08-23]．http://www.infoq.com/article/apache-spark-streaming/.

[3] 派大星子 fff. 大数据 Hadoop 集群之超级详细的 Hive 安装配置[EB/OL].（2022-12-09）[2023-08-23]．https://blog.csdn.net/qq_52157830/article/details/127980979.

[4] devilden．ZooKeeper 简介[EB/OL].（2021-11-05）[2023- 08- 23]．https://blog.csdn.net/devilden/article/details/121164274.

第 9 章

服务资源管理

在大数据系统中，服务资源管理共有 6 种，主要包括财务、人力资源、合作伙伴、信息技术、基础设施、工作环境等方面的管理。本章将着重介绍如何通过服务资源管理的灵活运用帮助企业更好地运营大数据系统。

9.1 业务能力管理

业务管理是指公司在生产、投资、服务、劳动和财务等业务流程中按照有效标准进行实施、调整、控制等管理活动的管理。业务能力是运营体系运行的重心部分，始于采购供应，中间涉及产品生产和储备，下游至产品的服务售后等，都在运营的过程中实现。因此，业务能力的管理是决策和管理的关键。

本节将主要介绍大数据系统在运营维护中，如何做好业务能力的管理。主要包括两个部分：业务需求评估和业务需求趋势预测。

9.1.1 业务需求评估

在大数据时代，企业面临可用信息不足等问题，大量的数据被忽略、处理不当或未被使用。许多公司根据不完整或不可信的信息做重大决定。业务需求分析旨在促进企业业务识别和策略优化，帮助企业进行绩效管理、信息管理和内容管理，提高效率，实施主动风险管理，实现智能化，帮助企业更准确地预测结果，发现更多之前无法预测的商机。要做好需求评估，需要先做好需求收集——围绕大数据系统，展开需求收集。需求收集的主要作用是为项目定义业务范围奠定基础，记录并管理关系人的需求，最终实现项目目标。

需求收集好后，可以根据实际情况，运用不同的方法进行需求评估，包括以下几种。

❑ 研讨会。研讨会能够对客户的业务需求进行快速定位，在讨论过程中，参与人之间可以充分交流意见，建立信任，有助于参与人之间改进关系，从而达成一致意见，及时发现问题，更好地解决问题。

❑ 头脑风暴法。将收集的需求产生多种创意的技术，有助于参与者对需求有更深入的了解，同时对需求进行评估。

❑ 群体决策。群体决策在业务需求评估中体现为对执行方案进行评估的过程，达成某种结果，把企业期望与业务现状相结合。根据专家问卷，汇总需求结果，若群体中超过半数的人投赞成票，则做出决策。

❑ 标杆对照。标杆对照是与行业内的其他企业进行比较的过程，通过将实际的企业计划进行比较，从中识别出最佳实践，形成针对已有方案的改进意见，并对企业业务需求评估进行有针对性的考核。

9.1.2 业务需求趋势预测

业务需求是不断变化的，服务于业务需求的大数据系统也是不断变化着的。对业务需求进行趋势预测，有助于对系统进行前瞻性的规划、管理，从而在不久的将来有望继续保持公司预期水平，并成为业务规划和控制决策的基础。业务需求预测与生产经营密切相关。业务需求趋势预测的常见方法有如下几种。

1．业务分析法

业务分析在每个应用领域都有一种或多种被普遍接受的方法，用于改变业务需求，包括对系统工程和价值工程进行系统性的分析，以及对产品和需求所做的局部性分析。

2．状态评估法

这种做法假设企业必须维持原有的生产和生产技术不变，公司必须处于相对稳定的状态，即目前与大量人员和公司合作的公司的份额必须满足市场业务规划的需要。因此，预测业务必须衡量业务规划期间的变化。

3．专家讨论法

专家讨论法适用于长期业务需求预测。通过抓住技术发展的趋势，相关领域的技术人员更有可能预测这一领域的经营情况。讨论可分两次进行，二次讨论旨在提升预测信度。在第一次讨论中，专家们独立自主地对技术发展计划进行预测，相关管理人员将组织这些计划。二次讨论主要基于公司的需求计划进行，以满足业务需求为主的相关讨论及专家预测。

4．经验法

经验预测方法适用于相对稳定的小企业。该方法主要利用现有信息和数据，并结合公司的实际特点，来预测公司未来的业务需求。结果表明，经验和历史数据对于提高预测准确性和减少错误的影响更大。这种方法适合于在某一时期公司整体发展方向变化不大的情况下，通常用于短期预测。

5．工作研究法

工作研究预测法是根据具体情况对公司的工作内容和任务区域进行分析预测。研究预测方法的关键是工作内容的准确描述、科学的工作分析、商业市场标准的制定。如果公司的结构相对简单，业务能力明显，那么研究和分析工作更容易实施。

6. 管理评级法

管理评级是预测主观过程中最常见的业务需求。一定时期企业对人力资源的需求由总经理、业务单位经理和专员组成。管理评估程序可以分为自下向上反馈和自上而下反馈两种方法。根据业务需求提高公司的管理认知发展目标、组织策略和框架条件预测，主要根据目标公司的生产、销售或服务规模等业务要求为基础进行预测。这种方法的主要缺点是：强大的主观性，受到个人决定的影响，依据经验和判断力。该方法在短期预测中广泛使用，预测结果可以与其他预测方法的结果结合使用。

7. 微分法

微分法是组织不同部门对未来时期的各种业务需求进行分析，各部门一起形成整个预测方案。该方法遵循自上而下的规划流程，首先由各部门负责人依据各自业务发展规划需求进行预测工作，接着向下一层级传达并逐步细化，特别适用于组织结构相对稳固且需要进行短期业务预测的公司。

8. 情景描述法

情景描述法是构建一个情景模型，建立假定条件，对企业日后的战略目标调整和环境变化等情景进行需求预测。情景描述在业务需求改变、环境变化或组织变化时经常使用。

9. 驱动因素法

该方法的原则是根据与公司基本特征有关的因素对公司的活动或工作量进行管理，从而确定公司的经营要求。驱动因素预测方法主要有 3 个步骤：一是找出驱动因素，包括生产变化（单位或收入数量、生产销售、完结项目、交易等）、服务质量与客户关系变化（规模、持续时间、质量）、新资本投资的影响（设备、技术等）；二是分析驱动因素和业务需求之间的联系；三是预测驱动因素，根据预测因素的影响预测业务需求。

9.2　服务能力管理

服务能力也称最大产出率，大数据系统的服务能力管理是指调节系统提供服务的能力，使之与不断更新的外部需求变化相匹配，使系统能够最大效率地提供服务产出。具体来说，包括人员能力、服务成本、技术与工具 3 个部分。

9.2.1　人员能力动态管理

大数据系统服务的特征之一就是服务提供人与客户密不可分。在提供服务产品的过程中，员工是一个不可或缺的因素。负责与客户接触的员工对客户和服务企业都起着决定性作用。对于服务机构，他们是唯一使服务区别于竞争对手的体现，但也有可能是失去客户的原因所在，他们代表着公司，直接影响客户满意度。对于人员能力的动态管理有以下几种措施。

1. 观察交谈

通过该方法，项目管理团队可以对成员的个人产出价值、人际交往关系等有更加深入的了解，由此全面监测、把控项目进展。

2. 绩效评估

在工作过程中，绩效评估是有效凸显个人能力的一种评估方法，向团队成员传达关键性反馈，对正式或非正式项目进行绩效评估，确定日后的个人成长路径和发展目标。个人绩效评估和从事项目的时间长短、工作的难易程度、组织政策、官方的劳动合同约定等有重要关联。

3. 冲突管理

冲突贯穿于项目的整个过程，是在所难免的。冲突的来源多种多样，有因为项目资源的稀缺性导致的项目成员之间产生的资源争夺冲突，有因为优先级排序导致的进度冲突，也有因为个人工作风格差异导致的个人冲突，这些都会阻碍项目进度。冲突虽然不可避免，但通过成熟的团队规则进行约束，以及最大程度发挥项目管理实践的作用，可以明显降低冲突带来的损失。冲突本质上不是一件坏事，如果管理得当，意见分歧之类的冲突反而有利于提高成员之间的工作效率。在冲突管理的过程中，需要项目经理提供协助，一旦发生冲突，立即介入，通过私下处理的方式，对冲突进行管理。一旦失去控制，则应当使用事先约定的规范进行强制惩戒。

4. 人员培训

组织的发展离不开人的发展，要想保证服务绩效，首先要关注员工队伍的服务质量，关注员工个人综合能力的提高。个人综合能力包括以下几种。

（1）交际能力。这是服务人员的首要特质，与人交往需要善于与客户沟通，建立良好的客户关系，获得可用信息，要采取适当的交往方式，有正确的服务意识与态度。

（2）合作能力。在工作中，服务人员要与多方建立合作关系，如上司、下属、同事、顾客、供应商等，这就需要提高服务人员的全局意识，自身的沟通、协调意识，学习开展多方合作，最大程度发挥充当各角色时的作用，提升客户的满意水平，真正发挥其纽带、中介作用。

（3）学习能力。工作过程也是服务人员学习的过程，服务人员在收集客户需求过程中需要有正确的服务意识和敏锐的洞察力。快速适应市场需求的变化，努力完善自身技能。

（4）文化素养。服务过程不仅是一项物质享受，也是一种精神文化享受，服务人员应具备一定的文化素养，才能够有效地与客户沟通。服务人员文化知识越渊博，越能和客户产生情感共鸣。

（5）技术能力。技术能力是服务人员所需技能之一，一般而言，企业可以通过培训的方式让服务人员提高专业本领。

9.2.2 服务成本动态管理

服务成本管理是指制定一系列的政策、程序和文档来管理和控制项目成本，这为在大数据系统进行服务成本管理指明了方向。做好服务成本管理需要首先估算完成服务项目工作花费的成本。成本估算的依据包括以下几种。

1. 场景成本估算

对所有项目的成本评估都应做出相对直观的判断，该评估可以一部分为起草评估，其次可由外部助手评估，最后精炼这些评估，确定客户是否能提供它们。

2. 人力资源估算

负责人员在项目实施过程中承担职能分配、报价制定以及成本估算的重要任务。针对参与项目的外部成员，应与其进行充分沟通协商，确保他们根据自身在项目中的角色、工作内容以及预期投入产出，做出相应的个人成本预算估算，以达成双方都能接受的合作条件。这样的操作不仅有利于项目成本的整体把控，还能促进内外部团队间的紧密协作与透明沟通。

3. 范围基准估算

服务团队从战略层角度审核项目的合约和假设。根据成本、有效性、开始日期和结束日期（总的时间长度）、技术说明创建项目需求评估。

4. 服务进度估算

根据项目进度计划，把时间格式化到日历表中，将序列化任务、资源计划、成本评估和时间评估相综合。

5. 风险成本估算

风险成本估算要考虑意外发生，例如人员流失、项目验收延时等一系列特殊情况，需要考虑到成本估算中。

6. 工作环境估算

需要考虑环境因素，例如出差，给出机票、住宿、餐饮、出租车等一系列成本。

在项目中，成本估算会用到以下几种方法。

❑ 历史信息判断：专家基于过往的项目信息可以结合差异进行成本的估算。

❑ 类比估算：指参考以往类似项目的基本要素（如人、时间、预算等），推算现有项目的成本，主要适用于项目信息十分缺乏的情况。类比估算占用的时间较少，估算成本也较低，但需要根据具体情况进行后续调整。相比其他估算方法，类比估算所对应的准确性也相对较低。

❑ 参数估算：参数估算是较为直接的估算方法，主要参考历史数据，结合对变量关系的分析设计模型进行估算。模型的准确度越高，参数估算也越精确。

❑ 自下而上估算：自下而上的估算主要是通过对项目中每一个特定的项目进行详细的估算，然后不断汇总向上，从而形成整个项目的估算。自下而上的估算方法通常取决于项目单个活动或工作包的规模和复杂度。

❑ 三点估算：首先，分解出项目中的未定因素；其次，使用3种估算值测量出成本区间，以保证最终结果的准确性。基于3种估算值的估算公式为：项目估算成本=(最悲观成本+最可能成本+最乐观成本)/3。

❑ 储备分析：指项目估算中的应急储备部分，用于管理已知的项目风险。在项目进行的过程中，项目的已知信息会越来越多，项目的预期也越来越明确，相应的，应急储备也会随之减少。

成本估算的主要目的是控制成本。有效的成本控制管理应着眼于项目成本支出与实际工作完成的关系，以及对批准的成本基准变更进行管理。其作用是监督并调节项目进展过程中损耗的人力、物力、财力。要把成本支出控制在批准资金额度内，把生产费用控制在事先计划的成本范围内，及时纠正成本与绩效的偏差，最终降低项目成本。

9.2.3　技术与工具管理

为保证服务的效率和效果，需要做好技术与工具管理。尤其是对于大数据系统而言，技术与工具是服务能力的重要保证。

在技术管理方面，参照公司的运维服务规划要求制定相关制度，主要包括年度技术研发计划和技术研发管理制度。年度技术研发计划不仅包括研发环境、人力、资金等计划，还包括前瞻性技术的开发与运用等。计划编制完成后，等待公司审批，审批通过后落地实施，由人事、财务和质保部门配合落地工作的开展，由研发部评估项目的执行情况。

在工具管理方面，主要工作有运行维护工具，建立与之匹配的用户手册，登记监测工具的日常使用记录，形成工具使用效果的评估报告，等等。工具主要包括运维监控工具、过程管理工具和专用工具。监控工具主要负责收集并监控数据，评估潜在的服务对象故障因素。过程管理工具是交付过程中发生的公司与客户双方签订的SLA管理运行维护服务，包含日常运维管理、记录、监督和评测功能；专用工具包括在公司服务要求指导下配备的安全工具和用于特殊要求的工具。

9.3　服务资源整合

在大数据系统中，涉及多方的服务资源，做好服务资源整合，是以长期的战略决策和市场的进步为依据的。企业的发展需要利用各种资源进行强有力的战略合作，并将各类资源整合优化。企业需要具备及时调控企业资源的能力，建立动态策略，从而完善企业的战略规划。

9.3.1　不同角色的责权划分

不同的角色是团体和组织中与项目利益相关联的个体，会影响交付成果和集体决策。项目干系人涵盖了所有与项目有着直接或间接利益关系的个人、团队或组织，如客户、公司领导、项目发起人、上下游供应商等，他们的利益受到项目实施或完成情况的影响，这些影响或好或坏，因此干系人对项目也存在正向和负向两种影响。项目干系人可以是和组织息息相关的内部人员，也可以是其他外部人员。

在项目不同角色责权划分的过程中，要依据项目角色的特点，结合项目本身的实际需要，进行适当的划分。具体来说，项目角色和相应的责权划分包括以下几种。

1. 项目经理

项目经理是项目的领导，主要有安排项目工作进度、对产品和服务的最终交付负责等权利。其中主要职责包括监测、记录、报告和处理出现的问题。项目经理是项目主要的联系人，建设团队与外界环境联系的途径，向团队传达和贯彻公司的政策及发展战略等，领导团队成员完成工作，传递知识技能，激励团队成员，同时做好绩效考核，进行工作评估，最终提高整个团队的绩效。

2. 项目发起人

项目发起人是批准该项目的人，提供权限、财政支持和建议。项目发起人和项目经理共同为项目的成功负责。他们最大限度地减少其他管理人员的职责干预。客户是支付或使用该项目成果的个人或组织。客户细分为使用成果的人和批准成果的人。批准最终产品的客户是关键项目干系人。

3. 项目控制人员

主要职责是跟进采集信息，管理项目的现状和进程，这一职位要向高层管理者和客户汇报项目的进展情况，对于项目的按时完成有重要的推进作用。项目控制人员先采集信息，然后对信息进行分析，以确认信息的可用性，之后输出报告，最后，信息由相关人员整理后形成项目进度报告。在整个过程中，由项目控制人员总体把控采集信息的准确率。

4. 团队成员

成员是项目团队中的关键构成，他们的主要职责是帮助团队完成共同愿景，并为团队愿景的实现尽己所能。具体内容包括：维护团队的团结及共同努力成果；捍卫团队荣誉；严守团队机密；按时参与团会，提出建设性意见，与团队达成共识；保证质量并按时完成团队任务，努力为团队创造绩效。

5. 项目专家

项目专家作为某一专题的专家，应该对团队项目进行过程中遇到的有关专业性的问题提出自己的看法与建议，需要充分发挥自己的经验并充分发挥自己的专业知识与能力；不断深化学习，从理论到实践，充分提升自身的专业化水准；强化与各领域内专家的交流与合作，拓展眼界；用自己的专业技能努力克服面临的团队难题，旨在提升团队综合绩效、加强团队发展。

6．会计/财务专家

负责项目预算和有开支要求的职员，需要与此项目干系人建立良好的关系，能够保持文书工作的顺利进行。

项目的角色和职责可以采用多种方法来记录，通常有以下 3 类：层级型、矩阵型和文本型。最终要保证项目每一个工作线对应一个明确的责任人，全体团队成员对自己有明确的角色和职能定位，具体如图 9-1 所示。

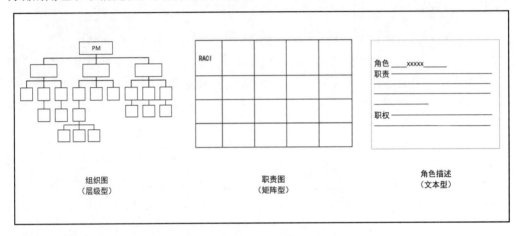

图 9-1　项目角色和职责

9.3.2　用户、供应商、厂商的典型协作方式

在大数据系统建设和维护中，用户、供应商、厂商的典型协作方式通常有以下 3 种。

1．总价合同协作方式

总价合同是先设置一个总价，然后按流程采买特定产品或服务。在总价合同中，买方承担的风险最小，通常更关注工作边界。总价合同适用于工作边界能够定义清晰的项目，一般情况下，总价会根据工作范围的调整而变动。总价合同分为 3 种。① 固定总价合同（FFP）。目前，这种合同类型最为常见。采购价格一经确定，原则上无法更改，特殊情况如工作范围调整除外。② 总价奖励费合同（FPIF）。首先，需要拟定一个奖励目标，用来衡量卖方的产出价值，奖励费用主要与卖方的成本或绩效相关。其次，等到所有工作完成，评价卖方绩效，最终在总价基础上敲定最终合同价格。要注意的是，在总价奖励费合同中，会有一个最高的价格预期，卖方不仅要按时完成工作，而且要承担超出最高预期的所有成本。③ 总价加经济价格调整合同（FP-EPA）。如果卖方履行约定跨域时间（几年）较长，合同应使用此类型。如果买方和卖方需要保持各种长期的合作关系，可以使用此类型的合同。在外部条件有变化，如出现通货膨胀或通货紧缩时，该类型合同依然围绕双方事先约定的方式调整最终价格。

2．成本补偿合同协作方式

这种合同类型的最大风险人是卖家，以卖家参与项目的实际消耗成本为付款基础，适用于卖方了解买方采购产品或服务的意图，但工作边界无法准确定义的情况。成本补偿合同有以下四大类。

1）成本加固定费用合同

该类型的合同由两部分组成，首先是项目实际成本，其次是固定费用，即双方事先约定好的买方支付给卖方的固定利润。

2）成本加奖励费用

主要包括 3 部分：一是实际消耗成本；二是固定费用；三是奖励。

3）成本加奖励费用（CPAF）

除了买方支付给卖方的实际成本，买方还会额外付给卖方一笔利润，但金额全权由买方决定。

4）成本加百分比合同（CPPC）

以卖方消耗的实际成本为基础，买方再增加该成本的某个百分比利润，利润的高低完全取决于卖方消耗的成本大小，缺点是不能把控对卖方的限制程度。

3．工料合同协作方式

工料合同属于混合型合同，集合了成本补偿合同和总价合同的共同优势，是对前两种合同的补充。在工作说明书情况不明朗时，通常用工料合同来进行协作。与前两种合同不同，在工料合同中，卖方承担最小的风险，无须对最终结果负责。由于在工料合同中，卖方对于全部项目而言的作用比较小，在整个工作中只起部分作用，对项目最终结果的影响非常小，所以这种合同并没有广泛使用。一般来说，应参考项目的实际情况，选择特定的协作方式。在 PMBOOK 里，对于这种工料合同协作方式的使用场景，强调"项目工作说明书定义模糊时，参照工料合同增减人手"。这就意味着，使用工料合同的原因并不是项目工作不能"精确"定义，而是"无法"对项目的工作进行定义，也就是没有项目工作说明书，即没有工作范围。

根据上述 3 种合同的协作方式，在实际工作中主要使用总价合同和成本补偿合同这两种。它们的共同特点是，卖方承担对结果的所有责任，并按要求交付出买方满意的东西，然后买方和卖方进行最后的费用结算。该协作方式有助于充分保障买方的利益，因此被广泛运用于实际工作中。另外，成本补偿合同和工料合同两种协作方式会产生混淆。在实际情况中，成本补偿合同限定了模糊的工作边界，但这些边界不是不可更改的，需要在实际操作中灵活应变；而工料合同则往往应用于工作范围无法确定的情况，此时没有任何范围，而不像成本补偿合同那样有一个"大致"的范围。所以工料合作合同在实际的工作中使用非常少。

9.4　作业与练习

一、填空题

1．大数据系统下的服务资源管理有 6 种，分别是：_____、_____、_____、_____、_____、_____。

2．大数据系统业务能力的管理有两个部分，分别是：_____、_____。

3．在大数据业务需求评估中，收集需求的输入有：_____、_____、_____、_____、_____。

4．在大数据系统下业务需求评估的 4 种方法分别是：_____、_____、_____、_____。

5．大数据系统下，业务需求趋势预测的 9 种常见方法分别是：_____、_____、_____、_____、_____、_____、_____、_____、_____。

6．大数据系统的服务能力管理包括 3 个部分，分别是：_____、_____、_____。

7．大数据系统人员能力动态管理的 4 种措施：_____、_____、_____、_____。

8．在大数据的系统项目中，划分的角色分别有：_____、_____、_____。

9．在大数据系统中，用户、供应商、厂商的典型协作方式通常有：_____、_____、_____。

10．总价合同主要包括：_____、_____、_____ 3 种。

11．成本补偿合同主要有 4 种，分别是：_____、_____、_____、_____。

二、简述题

1．简述如何做好大数据系统业务需求评估以及业务需求评估对企业的重要性。

2．简述业务需求趋势预测中驱动因素预测方法的步骤。

3．简述服务成本动态管理的定义并列举出大数据服务成本动态管理依据。

4．简述大数据人员能力动态管理的重要性。

5．在大数据系统下，企业需要人员具备哪些综合能力？

6．简述大数据项目中项目发起人、项目经理，以及项目成员在项目中的职责。

7．简述 3 种合同的特点和区别。

参考文献

[1] 格罗鲁斯．服务管理与营销：基于顾客关系的管理策略：2 版[M]．韩经纶，等译．北京：电子工业出版社，2002．

[2] 贝特曼，斯奈尔．管理学：构建竞争优势：4 版[M]．王雪莉，等译．北京：北京大学出版社，2001．

[3] 陈春花，赵海然．争夺价值链[M]．北京：中信出版社，2004．

附录 A

大数据和人工智能实验环境

1. 大数据实验环境

对于大数据实验而言，一方面，大数据实验环境安装、配置难度大，高校难以为每个学生提供实验集群，实验环境容易被破坏；另一方面，实用型大数据人才培养面临实验内容不成体系、课程教材缺失、考试系统不客观、缺少实训项目以及专业师资不足等问题，实验开展束手束脚。

对此，云创大数据实验平台提供了基于 Docker 容器技术开发的多人在线实验环境，如图 A-1 所示。平台预装了主流大数据学习软件框架——Hadoop、Spark、Kafka、Storm、Hive、HBase、ZooKeeper 等，可快速部署训练环境，支持多人同时在线实验，并配套实验手册、实验代码、实验数据，同步解决大数据实验配置难度大、实验入门难、缺乏实验数据等难题，可用于大数据教学与实践应用，如图 A-2 所示。

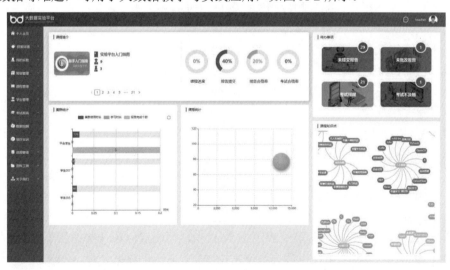

图 A-1　云创大数据实验平台

图 A-2　云创大数据实验平台架构

云创大数据实验平台具有以下优势。

1）实验环境可靠

云创大数据实验平台采用 Docker 容器技术，通过少量实体服务器资源虚拟出大量的实验服务器环境，可为学生同时提供多套集群进行基础实验训练，包括 Hadoop、Spark、Python 语言、R 语言等相关实验集群，集成了上传数据—指定列表—选择算法—数据展示的数据挖掘及可视化工具。

云创大数据实验平台搭建了一个可供大量学生同时完成各自大数据实验的集成环境。每个实验环境相互隔离，互不干扰，通过重启即可重新拥有一套新集群，可实时监控集群使用量并进行调整，大幅度节省硬件和人员管理成本。

2）实验内容丰富

目前，云创大数据实验平台拥有大数据实验超过 367 项，涵盖原理验证、综合应用、自主设计及创新等多层次实验内容，每个实验在线提供详细的实验目的、实验内容、实验原理和实验流程指导，配套相应的实验数据，如图 A-3 所示，参照实验手册即可轻松完成实验，大大降低了大数据实验的入门门槛限制。

以下是云创大数据实验平台提供的部分实验。

❑ Linux 系统实验：常用基本命令、文件操作、sed、awk、文本编辑器 vi、grep 等。

❑ Python 语言编程实验：流程控制、列表和元组、文件操作、正则表达式、字符串、字典等。

❑ R 语言编程实验：流程控制、文件操作、数据帧、因子操作、函数、线性回归等。

❑ 大数据处理技术实验：HDFS 实验、YARN 实验、MapReduce 实验、Hive 实验、Spark 实验、ZooKeeper 实验、HBase 实验、Storm 实验、Scala 实验、Kafka 实验、Flume 实验、Flink 实验、Redis 实验等。

❑ 数据采集实验：网络爬虫原理、爬虫之协程异步、网络爬虫的多线程采集、爬取豆瓣电影信息、爬取豆瓣图书 Top250、爬取双色球开奖信息等。

❑ 数据清洗实验：Excel 数据清洗常用函数、Excel 数据分裂、Excel 快速定位和填充、住房数据清洗、客户签到数据的清洗转换、数据脱敏等。

❑　数据标注实验：标注工具的安装与基础操作、车牌夜晚环境标框标注、车牌日常环境标框标注、不完整车牌标框标注、行人标框标注、物品分类标注等。

❑　数据分析及可视化实验：Jupyter Notebook、Pandas、NumPy、Matplotlib、Scipy、Seaborn、Statsmodel 等。

❑　数据挖掘实验：决策树分类、随机森林分类、朴素贝叶斯分类、支持向量机分类、K-means 聚类等。

❑　金融大数据实验：股票数据分析、时间序列分析、金融风险管理、预测股票走势、中美实时货币转换等。

❑　电商大数据实验：基于基站定位数据的商圈分析、员工离职预测、数据分析、电商产品评论数据情感分析、电商打折套路解析等。

❑　数理统计实验：高级数据管理、基本统计分析、方差分析、功效分析、中级绘图等。

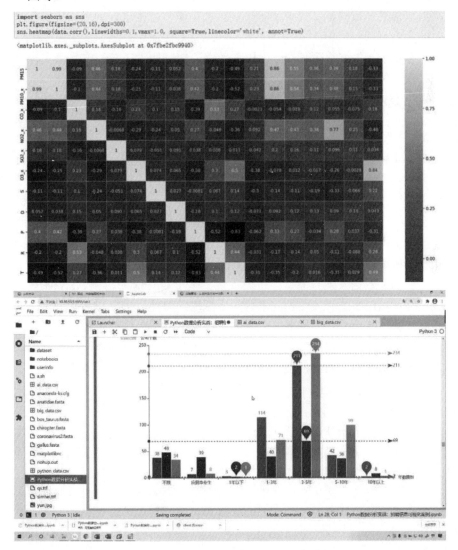

图 A-3　云创大数据实验平台部分实验图

3）教学相长

❑ 实时掌握教师角色与学生角色对大数据环境资源的使用情况及运行状态，帮助管理者实现信息管理和资源监控。

❑ 平台优化了创建环境—实验操作—提交报告—教师打分的实验流程，学生在平台上完成实验并提交实验报告，教师在线查看每一个学生的实验进度，并对具体实验报告进行批阅。

❑ 平台具有海量题库、试卷生成、在线考试、辅助评分等应用的考试系统。学生可通过试题库自查与巩固，教师可通过平台在线试卷库考查学生对知识点的掌握情况（其中客观题实现机器评分）；使教师完成"备课+上课+自我学习"，使学生完成"上课+考试+自我学习"。

4）一站式应用

❑ 提供多种多样的科研环境与训练数据资源，包括人脸数据、交通数据、环保数据、传感器数据、图片数据等。实验数据做打包处理，为用户提供便捷、可靠的大数据学习应用。

❑ 平台提供由清华大学博士、中国大数据应用联盟人工智能专家委员会主任刘鹏教授主编的《大数据》《大数据库》《数据挖掘》等配套教材。

❑ 提供 OpenVPN、Chrome、Xshell 5、WinSCP 等配套资源下载服务。

2．人工智能实验环境

人工智能实验一直难以开展，主要有两方面原因。一方面，实验环境需要提供深度学习计算集群，支持主流深度学习框架，完成实验环境的快速部署，满足深度学习模型训练等教学实践需求，同时也需要支持多人在线实验。另一方面，人工智能实验面临配置难度大、实验入门难、缺乏实验数据等难题，在实验环境、应用教材、实验手册、实验数据、技术支持等多方面亟须支持，以大幅度降低人工智能课程学习门槛，满足课程设计、课程上机实验、实习实训、科研训练等多方面需求。

对此，云创大数据人工智能实验平台提供了基于 OpenStack 调度 KVM 技术开发的多人在线实验环境，如图 A-4 所示。平台基于深度学习计算集群，支持主流深度学习框架，可快速部署训练环境，支持多人同时在线实验，并配套实验手册、实验代码、实验数据，同步解决人工智能实验配置难度大、实验入门难、缺乏实验数据等难题，可用于深度学习模型训练等教学与实践应用，如图 A-5 所示。

云创大数据人工智能实验平台具有以下优势。

1）实验环境可靠

❑ 平台采用 CPU+GPU 混合架构，基于 OpenStack 技术，用户可一键创建运行的实验环境，十分稳定，即使服务器断电关机，虚拟机中的数据也不会丢失。

❑ 同时支持多个人工智能实验在线训练，满足实验室规模使用需求。

❑ 每个账户默认分配 1 个 VGPU，可以配置一定大小的 VGPU、CPU 和内存，满足人工智能算法模型在训练时对高性能计算的需求。

❑ 基于 OpenStack 定制化构建管理平台，可实现虚拟机的创建、销毁和管理，用户实验虚拟机相互隔离、互不干扰。

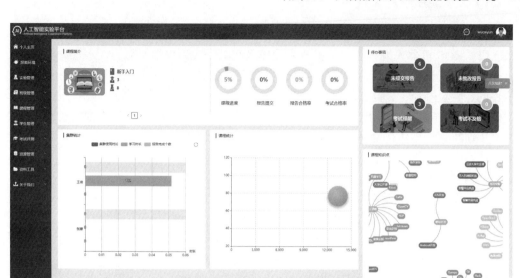

图 A-4 云创大数据人工智能实验平台

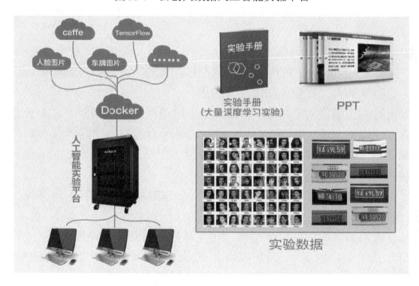

图 A-5 云创大数据人工智能实验平台架构

2）实验内容丰富

目前实验内容主要涵盖了 10 个模块，每个模块具体内容如下。

❑ Linux 操作系统：深度学习开发过程中要用到的 Linux 知识。

❑ Python 编程语言：Python 基础语法相关的实验。

❑ Caffe 程序设计：Caffe 框架的基础使用方法。

❑ TensorFlow 程序设计：TensorFlow 框架基础使用案例。

❑ Keras 程序设计：Keras 框架的基础使用方法。

❑ PyTorch 程序设计：Keras 框架的基础使用方法。

❑ 机器学习：机器学习常用 Python 库的使用方法和机器学习算法的相关内容。

❑ 深度学习图像处理：利用深度学习算法处理图像任务。

❑ 深度学习自然语言处理：利用深度学习算法解决自然语言处理任务相关的内容。

❑ ROS 机器人编程：介绍机器人操作系统 ROS 的基础使用。

目前，平台实验总数达到了 144 个，并且还在持续更新中。每个实验呈现详细的实验目的、实验内容、实验原理和实验流程指导。其中，原理部分设计数据集、模型原理、代码参数等内容，以帮助用户了解实验需要的基础知识；步骤部分为详细的实验操作，参照手册执行步骤中的命令即可快速完成实验。实验所涉及的代码和数据集均可在平台上获取。

3）教学相长

❑ 实时监控与掌握教师角色和学生角色对人工智能环境资源的使用情况及运行状态，帮助管理者实现信息管理和资源监控。

❑ 学生在平台上实验并提交实验报告，教师在线查看每一个学生的实验进度，并对具体实验报告进行批阅。

❑ 增加试题库与试卷库，提供在线考试功能。学生可通过试题库自查与巩固，教师可通过平台在线试卷库考查学生对知识点的掌握情况（其中客观题实现机器评分）；使教师完成"备课+上课+自我学习"，学生完成"上课+考试+自我学习"。

4）一站式应用

❑ 提供实验代码以及 MNIST、CIFAR-10、ImageNet、CASIA WebFace、Pascal VOC、Sift Flow、COCO 等训练数据集，实验数据做打包处理，为用户提供便捷、可靠的人工智能和深度学习应用。

❑ 平台提供由清华大学博士、中国大数据应用联盟人工智能专家委员会主任刘鹏教授主编的《深度学习》《人工智能》等配套教材，内容涉及人脑神经系统与深度学习、深度学习主流模型以及深度学习在图像、语音、文本中的应用等丰富内容。

❑ 提供 OpenVPN、Chrome、Xshell 5、WinSCP 等配套资源下载服务。

5）软硬件高规格

❑ 硬件采用 GPU+CPU 混合架构，实现对数据的高性能并行处理。

❑ CPU 选用英特尔 Xeon Gold 6240R 处理器，搭配英伟达多系列 GPU。

❑ 最大可提供每秒 176 万亿次的单精度计算能力。

❑ 预装 CentOS/Ubuntu 操作系统，集成 TensorFlow、Caffe、Keras、PyTorch 等行业主流深度学习框架。

专业技能和项目经验既是学生的核心竞争力，也将成为其求职路上的"强心剂"，而云创大数据实验平台和人工智能实验平台从实验环境、实验手册、实验数据、实验代码、教学支持等多方面为大数据学习提供一站式服务，大幅降低学习门槛，可满足用户课程设计、课程上机实验、实习实训、科研训练等多方面的需求，有助于提升用户的专业技能和实战经验，使其在职场中脱颖而出。

目前，致力于大数据、人工智能与云计算培训和认证的云创智学（http://edu.cstor.cn）平台，已引入云创大数据实验平台和人工智能实验平台环境，为用户提供集数据资源、强大算力和实验指导的在线实训平台，并将数百个工程项目经验凝练成教学内容。在云创智学平台上，用户可以同时兼顾课程学习、上机实验与考试认证，省时省力，快速学到真本事，成为既懂原理又懂业务的专业人才。

Hadoop 环境要求

1. 硬件要求

Hadoop 集群需要运行几十、几百甚至上千个节点，选择匹配相应的工作负载的硬件，能在保证效率的同时尽可能地节省成本。

一般来说，Datanode 的推荐规格如下。

❑ 4 个磁盘驱动器（1～4 TB）。

❑ 2 个 4 核 CPU（2～2.5 GHz）。

❑ 16～64 GB 的内存。

❑ 千兆以太网（存储密度越大，需要的网络吞吐量越高）。

Namenode 的推荐规格如下。

❑ 8～12 个磁盘驱动器（1～4 TB）。

❑ 2 个 4/8 核 CPU（2～2.5 GHz）。

❑ 32～128 GB 的内存。

❑ 千兆或万兆以太网。

2. 操作系统要求

HDP 2.6.0 支持的操作系统版本如表 B-1 所示。

表 B-1　HDP 2.6.0 支持的操作系统版本

操 作 系 统	版　　本
CentOS（64 bit）	CentOS 7.0/7.1/7.2
	CentOS 6.1/6.2/6.3/6.4/6.5/ 6.6/6.7/6.8
Debian	Debian 7
Oracle（64 bit）	Oracle 7.0/7.1/7.2
	Oracle 6.1/6.2/6.3/6.4/6.5/6.6/6.7/6.8

续表

操 作 系 统	版　　本
Red Hat（64 bit）	RHEL 7.0/7.1/7.2
	RHEL 6.1/6.2/6.3/6.4/6.5/6.6/6.7/6.8
SUSE（64 bit）	（SLES）Entreprise Linux 12，SP2
	（SLES）Enterprise Linux 12，SP1
SUSE（64 bit）	（SLES）Enterprise Linux 11，SP4
	（SLES）Enterprise Linux 11，SP3
Ubuntu（64 bit）	Ubuntu 16.04（Xenial）
	Ubuntu 14.04（Trusty）

3．浏览器要求

Ambari 是基于 Web 的 Apache Hadoop 集群的供应、管理和监控工具，需要浏览器的支持，支持的浏览器版本如表 B-2 所示。

表 B-2　Ambari 2.5.0 支持的浏览器版本

操 作 系 统	浏 览 器
Linux	Chrome 56.0.2924/57.0.2987
	Firefox 51/52
Mac OS X	Chrome 56.0.2924/57.0.2987
	Firefox 51/52
	Safari 10.0.1/10.0.3
Windows	Chrome 56.0.2924/57.0.2987
	Edge 38
	Firefox 51.0.1/52.0
	Internet Explorer 10/11

（1）Java 环境要求。Hadoop 是由 Java 实现的，需要 Java 环境支持，支持的 JDK版本如表 B-3 所示。

表 B-3　HDP 2.6.0 支持的 JDK 版本

JDK	版　　本
Open Source	JDK8†
	JDK7†，deprecated
Oracle	JDK 8，64 bit（minimum JDK 1.8.0_77），default
	JDK 7，64 bit（minimum JDK 1.7_67），deprecated

（2）Python 环境要求。Hadoop 的 Web 工具 Ambari 是基于 Python 语言编写的，需要安装 Python 环境。HDP 2.6.0 支持的 Python 版本为 2.6 及以上。

附录 C

名词解释

有关大数据的一些名词解释如表 C-1 所示。

表 C-1　名词解释

名　　　词	解　　　释
Ambari	Apache Ambari 是一种基于 Web 的工具，支持 Apache Hadoop 集群的供应、管理和监控
Browser	网页浏览器，文中如非特指，采用的是 Google Chrome 浏览器
CAB	变更咨询委员会（Change Advisory Board）
CCB	配置控制委员会（Configuration Control Board）
CDH	cloudera distribution Hadoop，即 Cloudera 公司的发行版 Hadoop
CI	配置项（configuration item）是指在配置管理控制下的资产、人力、服务组件或者其他逻辑资源，从整个服务或系统来说，包括硬件、软件、文档、支持人员和单独软件模块或硬件组件（CPU、内存、SSD、硬盘等）。配置项需要有整个生命周期（状态）的管理和追溯（日志）
CLI	命令行界面（command line interface），用户可以在该界面输入命令，对系统进行操作
CM	配置管理（configuration management），是通过技术或行政手段对软件产品及其开发过程和生命周期进行控制、规范的一系列措施
CMDB	配置管理数据库（configuration management database），用于存储与管理企业 IT 架构中设备的各种配置信息，它与所有服务支持和服务交付流程都紧密相连，支持这些流程的运转，发挥配置信息的价值，同时依赖于相关流程保证数据的准确性
CMS	配置管理系统（configuration management system）
DoS	拒绝服务（denial of service），DoS 攻击是通过大量访问耗尽被攻击对象的资源，让目标计算机或网络无法提供正常的服务或资源访问，使目标系统服务系统停止响应甚至崩溃

续表

名　词	解　释
ECAB	紧急变更咨询委员会（emergency change advisory board）
Elastic Search	一个基于 Lucene 的搜索服务器，常用于日志分析
GUI	图形用户界面（graphical user interface）
Hadoop	一个由 Apache 基金会所开发的分布式系统基础架构
Hbase	HBase 是一个分布式的、面向列的开源数据库
HDP	Hortonworks Data Platform，Hortonworks 公司的 Hadoop 平台
Impala	Cloudera 公司主导开发的新型查询系统，它提供 SQL 语义，能查询存储在 Hadoop 的 HDFS 和 HBase 中的 PB 级大数据
ISO20000	信息技术服务管理体系标准，是面向机构的 IT 服务管理标准
ITIL	信息技术基础架构库（information technology infrastructure library），由英国政府部门 CCTA（Central Computing and Telecommunications Agency）在 20 世纪 80 年代末制定，现由英国商务部 OGC（Office of Government Commerce）负责管理，主要适用于 IT 服务管理（ITSM）。ITIL 为企业的 IT 服务管理实践提供了一个客观、严谨、可量化的标准和规范
Job	指提交到 Hadoop 大数据系统中运行的作业
MapReduce	一种编程模型，用于大规模数据集（大于 1 TB）的并行运算。概念"Map（映射）"和"Reduce（归约）"是它们的主要思想，都是从函数式编程语言里借来的，还有从矢量编程语言里借来的特性。它大大地方便了编程人员在不会分布式并行编程的情况下，将自己的程序运行在分布式系统上。当前的软件实现是指定一个 Map 函数，用来把一组键值对映射成一组新的键值对，指定并发的 Reduce 函数，用来保证所有映射的键值对中的每一个共享相同的键组
Master	主节点，指构成 Hadoop 大数据系统的主服务器节点
MongoDB	一个介于关系数据库和非关系数据库之间的产品，其属于非关系数据库，功能丰富且像关系数据库，支持的数据结构非常松散，是类似 json 的 bson 格式，因此可以存储比较复杂的数据类型
MTTF	mean time to failure，平均失效前时间
MTTR	mean time to restoration，平均恢复前时间
NoSQL	not only SQL，泛指非关系型的数据库
NTP	network time protocol，通过网络对时的协议，用于将多台服务器的时间保持一致
OTRS	open technology real services，一种工单管理软件
PDCA	PDCA 是英语单词 plan（计划）、do（执行）、check（检查）和 adjust（纠正）的第一个字母，PDCA 循环就是按照这样的顺序进行质量管理，并且循环不止地进行下去的科学程序
RAID	磁盘阵列（redundant arrays of independent disks），由很多价格较便宜的磁盘组合成一个容量巨大的磁盘组，利用个别磁盘所提供数据所产生的加成效果提升整个磁盘系统效能
RPO	恢复点目标（recovery point objective），灾备切换后，数据丢失的时间范围
RTO	恢复时间目标（recovery time objective），业务从中断到恢复正常所需要的时间
Slave	从节点，指构成 Hadoop 大数据系统的从服务器节点
Spark	专为大规模数据处理而设计的快速通用的计算引擎

续表

名　词	解　释
Sqoop	一款开源的工具，主要用于在 Hadoop（Hive）与传统的数据库（MySQL、PostgreSQL 等）间进行数据的传递，可以将一个关系型数据库（如 MySQL、Oracle、PostgreSQL 等）中的数据导入 Hadoop 的 HDFS 中，也可以将 HDFS 的数据导入关系型数据库中
SSH	安全外壳协议（secure shell），专为远程登录会话和其他网络服务提供安全性的协议
Storm	一个分布式的、可靠的、容错的数据流处理系统
Task	指 Hadoop 作业中分解出来执行的任务
Tivoli	IBM 公司为运维管理开发的软件产品
Yarn	统一资源管理与调度系统（yet another resource negotiator），一种新的 Hadoop 资源管理器
ZooKeeper	一个分布式的、开放源码的分布式应用程序协调服务，是 Google 的 Chubby 中一个开源的实现，是 Hadoop 和 HBase 的重要组件。它是一个为分布式应用提供一致性服务的软件，提供的功能包括配置维护、域名服务、分布式同步、组服务等
配置基线	在服务或服务组件的生命周期中，某一时间点被正式指定的配置信息